民族高校

物理化学实验教程

主 编 阳耀月 刘 东
副主编 吴亚娟 姜晓乐
参 编 余盛萍 代 弢 陈军宪 马朝霞 贾维尚

西南交通大学出版社
·成 都·

图书在版编目（ＣＩＰ）数据

民族高校物理化学实验教程 / 阳耀月，刘东主编
. 一成都：西南交通大学出版社，2021.8
ISBN 978-7-5643-8212-4

Ⅰ．①民… Ⅱ．①阳… ②刘… Ⅲ．①物理化学 – 化学实验 – 高等学校 – 教材 Ⅳ．①O64-33

中国版本图书馆 CIP 数据核字（2021）第 164746 号

Minzu Gaoxiao Wulihuaxue Shiyan Jiaocheng
民族高校物理化学实验教程

主　编／阳耀月　刘　东

责任编辑／牛　君
封面设计／原谋书装

西南交通大学出版社出版发行

（四川省成都市金牛区二环路北一段 111 号西南交通大学创新大厦 21 楼　610031）
发行部电话：028-87600564　028-87600533
网址：http://www.xnjdcbs.com
印刷：成都蜀雅印务有限公司

成品尺寸　185 mm×260 mm
印张　13.75　　字数　310 千
版次　2021 年 8 月第 1 版　　印次　2021 年 8 月第 1 次

书号　ISBN 978-7-5643-8212-4
定价　39.00 元

课件咨询电话：028-81435775

"物理化学实验"是与"物理化学"配套开设的化学类公共基础课，对学生巩固理解物理化学理论有着重要作用。我校是民族院校，由于学生大多数是少数民族，他们大都来自经济相对不发达的偏远地区，在实际教学过程中，我们发现这些学生长期广泛存在学科基础薄弱、理论学习吃力和动手能力不足等问题，做好物理化学实验成为民族院校化学类本科生的一大难题。因此，物理化学实验课程教学的改革与创新是一项长期而艰巨的任务，对民族院校来说尤其复杂和困难。这不仅需要从教学理念进行升级，在教学运行和教学管理方面也应注意改进优化。为此，西南民族大学物理化学教学团队对标高校对创新人才培养的目标要求，同时考虑到实际情况，不断深化实验教学模块化改革，并在实验教学内容和运行安排上创新，而编写高质量且切合民族院校实际的实验教材则是其中的重要环节。因此，我们在西南民族大学物理化学教研室编写的《物理化学实验讲义》（2015年）（后简称《讲义》）的基础上，改编出这本适用于民族院校化学类本科生的物理化学实验教材，以期促进民族院校物理化学实验教学质量提升，为培养各民族化学、化工和环境类创新人才打好基础。

本教材由阳耀月教授、刘东副教授统稿，具体编写分工如下：吴亚娟副研究员编写实验七、十六，陈军宪副教授编写实验四、九、十四，马朝霞副研究员编写实验一、三、十，余盛萍博士编写实验十七、十八，姜晓乐博士编写实验十一、十二，代弢博士编写实验五、六、八，贾维尚博士编写实验二、十三、十五。在教材编写过程中，编者对原《讲义》的教学内容和教学运行进行了大幅修改，增加了热力学实验"中和热的测定（实验三）""双液系气-液平衡相图的绘制（实验五）"和"分子结构模拟技术（实验十八）"，化学平衡实验"氨基甲酸铵分解反应平衡常数的测定（实验七）"，力争做到实验教学与理论教学的内容相契合。同时，为了便于民族院校学生使用，本教材对实验原理、实验方案设计的讲解更为细致深入。

本教材的出版得到国家级新工科教研项目"面向区域新经济的民族高校化工专业'信息化+多学科融合'升级路径探索与实践"（赵志刚教授主持）的支持，在此表示衷心感谢；特别感谢张嫦教授、吴莉莉高级实验师和周小菊副教授对原《讲义》的贡献；同时感谢西南民族大学化学与环境学院 2004 级以来各届学生对原《讲义》提出的宝贵修改建议和意见。

由于编者水平有限，书中难免存在疏漏之处，敬请批评指正。

阳耀月

2021 年 3 月

CONTENT

目 录

实验一　恒温槽装配和性能测试

一、实验目的

（1）学习恒温槽的构造及恒温工作原理，掌握其装配和调试的基本技术。

（2）掌握控温仪和贝克曼温度计的调节及使用方法。

（3）正确绘制恒温槽的灵敏度曲线（温度-时间曲线），学会分析恒温槽的性能。

二、预习要求

1. 掌握实验原理

（1）恒温槽是如何实现恒温的?

（2）影响恒温槽性能优劣的主要因素是什么?

2. 掌握实验操作的要点

（1）恒温槽的组成及各元件的作用。

（2）恒温槽温度的设置方法。

（3）贝克曼温度计的作用及调节方法。

（4）怎样测定恒温槽的灵敏度?

3. 数据处理

（1）如何正确绘制恒温槽的灵敏度曲线?

（2）怎样计算恒温槽的灵敏度?

三、实验原理

　　许多化学反应都受到温度的影响，而物质的许多物理、化学性能参数，如折射率、黏度、蒸气压、表面张力、电导、化学反应速率常数、化学反应平衡常数等都与温度有关，因此温度的恒定对化学实验非常重要。化学实验室通常采用恒温槽来控制温度和维持恒温。恒温槽主要依靠恒温控制器来控制热平衡，恒定温度在室温以上的恒温槽，当对外散热导致介质温度降低时，恒温控制器使加热器工作；待加热到接近所需的温度时，它又使加热器停止加热，这样就使槽温保持恒定。

恒温槽装置如图 1-1 所示，一般由浴槽、加热器、搅拌器、温度计、感温元件、恒温控制器等部分组成。各元件的性能均在很大程度上影响着恒温槽的性能。

1—浴槽；2—加热器；3—搅拌器；4—温度计；5—感温元件（Pt100）；
6—SWQ 智能数字恒温控制仪。

图 1-1　恒温槽装置

1. 浴槽与工作介质

如果要求控制的温度与室温相差不是太大，通常可采用玻璃浴槽，以利于观察；如果控制的温度与室温相差较大，可以选用其他合适的材料做浴槽，如不锈钢等。浴槽的容量和形状可根据需要而定，实验室一般采用 10 L 的圆形玻璃缸。

浴槽内的工作介质根据恒温范围而定，一般多采用蒸馏水；超过 100 ℃ 时可采用液体石蜡或甘油等；低温则要用冷冻剂和液体介质，0 ~ 5 ℃ 用冰水，−3 ~ 0 ℃ 用 20%食盐冰水，−60 ~ −3℃ 可用干冰+乙醇，还可以采取压缩机制冷获得低温。

2. 加热器

常用电加热器采取间隙加热来实现高于室温的恒温控制。根据恒温槽的容量、恒温温度以及与环境的温差大小来选择电热器的功率，最好能使加热和停止加热的时间各占一半。如容量 20 L、恒温 25 ℃ 的大型恒温槽，一般用功率为 250 W 的加热器比较好。为了提高恒温的效率和精度，有时可采用两组加热器。开始时，温度远远低于恒温温度，用功率较大的加热器加热以缩短加热时间；当温度接近恒定温度时，改用功率较小的加热器来维持恒温，提高控温的精度。

3. 搅拌器

搅拌器可保持恒温槽内的工作介质温度均匀，其搅拌功率的大小应与恒温槽体积匹配，且搅拌器应安装在加热器附近，以减少温度的滞后现象。一般采用 40 W 的电动搅拌器，通过变速器来调节搅拌速度。超级恒温槽则可采用循环泵代替搅拌器。

4. 温度计

常用 1/10 ℃ 水银温度计来显示恒温槽的真实温度；而用 1/100 ℃ 温度计、贝克曼温度计或其他测温元件来测定恒温槽的灵敏度。所用温度计在使用前一般需进行校正（玻璃温度计和贝克曼温度计的校正方法见本实验附 1）。

5. 感温元件

它是恒温槽的感觉中枢，是决定恒温槽精度的关键。感温元件的种类很多，如接触温度计、热敏电阻感温元件等，现在多采用 Pt100 热电阻感温元件。

6. 温度控制器

实验室常用的控温系统有两种：一种是利用温度调节器和继电器相配合，以达到控温目的；另一种是利用测温传感器和温度指示控制仪相配合而达到控温目的。

在利用第一种控温系统控温时，温度调节器是控制恒温和保持恒温槽灵敏度的主要部件，最常用的感温元件是接点温度计。继电器与接点温度计、加热器配合使用，才能使恒温槽的温度得到控制。在利用第二种控温系统控温时，测温传感器是控制恒温和恒温灵敏度的主要部件，其工作原理是可以把温度的微小变化变成电信号传给温度指示控制仪。本实验使用目前较为先进的 SWQ 智能数字恒温控制仪，采用自整定 PID 技术，通过自动调整加热系统的电压而达到控温目的。

由于恒温槽的温度控制装置属于二位置通/断类型，升降温时都会出现温度传递的滞后现象，因此恒温槽的控温有一个波动范围。灵敏度是衡量恒温槽性能优劣的主要标志。控制温度的波动越小，槽内各处的温度越均匀，恒温槽的灵敏度就越高。它与感温元件、温度控制装置直接相关，也与恒温槽内各部件的布局、搅拌器的效率、加热器的功率有关，有时候还与环境温度有关。同一套恒温槽，温度不同，其灵敏度也可能不同。

恒温槽灵敏度的测定方法一般是在指定温度下，观察温度随时间的波动情况，并绘制灵敏度曲线。恒温槽的灵敏度曲线常以温度为纵坐标，以时间为横坐标来表示，如图 1-2 所示。

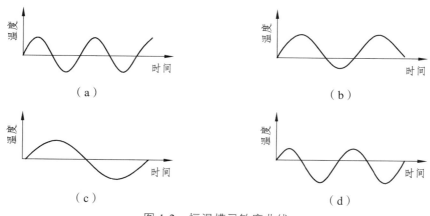

图 1-2　恒温槽灵敏度曲线

图 1-2（a）代表加热器功率适中、热惰性小、温度波动也小的较理想情况；图 1-2（b）是加热功率过大、热惰性小引起的槽内实际温度比指定温度高的情况；图 1-2（c）

是加热器功率适中但热惰性大引起的；图 1-2（d）是加热器的功率太小，或浴槽的散热太快引起的，需用较大功率的加热器，或改善浴槽的保温功能。

用较高灵敏度的温度计，如贝克曼温度计，记录温度随时间的变化，从而求得恒温槽的灵敏度 t_E，计算公式如下：

$$t_E = \pm\frac{t_1 - t_2}{2} \tag{1-1}$$

式中 t_1——波峰温度的平均值，°C；

t_2——波谷温度的平均值，°C。

为了提高恒温槽的灵敏度，在设计装配恒温槽时要注意以下几点：

（1）恒温槽的热容量尽量大，传热质的热容量越大越好。

（2）尽可能加快电热器与感温元件之间传热的速度，为此要使：① 感温元件的热容尽可能小，感温元件与电热器之间的距离尽量小一些；② 搅拌器效率要高。

（3）调节温度的加热器功率尽量小。

四、仪器和试剂

玻璃缸（容量 10 L 或根据需要而定）　　　　　　1 个；

搅拌器（功率 40 W 或根据需要而定）　　　　　　1 台；

加热器（功率 250 W 的电热丝或根据需要而定）　　1 支；

感温元件（Pt100）　　　　　　　　　　　　　　1 支；

温度计（1/10 °C）　　　　　　　　　　　　　　1 支；

贝克曼温度计（1/100 °C）　　　　　　　　　　　1 支；

SWQ 智能数字恒温控制仪　　　　　　　　　　　1 台；

放大镜、秒表　　　　　　　　　　　　　　　　各 1 个。

五、实验步骤

1. 安装实验装置

将蒸馏水注入浴槽至容积的 4/5 处以上，按图 1-1 所示将搅拌器、电热器、感温元件（Pt100）、温度计（1/10 °C）等安装好。

2. 设置温度

接通恒温槽的所有电源，开动搅拌器，先用快挡，当系统进入恒温过程后改用慢挡。根据实验要求，由 SWQ 智能数字恒温控制仪设置所需的温度：

（1）设置控制温度。

按恒温控制仪的"工作/置数"钮，切换到"置数"状态，"置数"灯亮。依次按"×10""×1""×0.1""×0.01"，设置"设定温度"的十位、个位及小数点后一位、两位的数字，每按动一次，显示数按 0~9 依次上移，调整到比所需"设定温度"的数值低 0.5~1 °C

（因恒温控制仪显示的温度存在误差）。设置完毕，再按"工作/置数"钮，则转换到"工作"状态，工作指示红灯亮，开始加热；控温仪的红灯出现闪烁，表示系统开始恒温。此时观察 1/10 ℃ 的水银玻璃温度计，若所示温度低于所需温度，应反复微调"设定温度"，至所需温度，此后恒温槽就开始自动控温过程。

注意："置数"状态时，仪器不对加热器进行控制。

（2）设置定时观测温度。

若需定时观测记录，可按"工作/置数"钮，切换到"置数"状态（"置数"灯亮），按定时▲、▼键调节所需间隔的时间，有效调节范围：10 ~ 99 s 时间倒数至零，蜂鸣器鸣响，鸣响时间为 5 s。若不需定时提醒功能，将时间调至 5 s 以下。时间设置完毕，再按"工作/置数"钮，切换到"工作"状态（"工作"指示灯亮）。此时，系统进入加热自动控制状态。

3. 升温速率快慢调节

如果恒温槽温度比设置温度低得多，开始加热时，升温速率可快一些，将加热器置于"强"的位置；当温度升到低于设置温度 1.0 ~ 0.5 ℃ 时，将加热器置于"弱"的位置（操作不熟悉的时候应该稍微早一点切换到"弱"加热位置），降低升温速率，使温度平缓上升，避免温度升高过快，达到理想的控温效果。

4. 调节贝克曼温度计

将贝克曼温度计毛细管中的水银柱在所恒温度下调到刻度 2.5 左右（调节方法见本实验附 2），并小心垂直安放到恒温槽中。

5. 恒温槽灵敏度的测定

待恒温槽调节到所需温度并处于恒温状态 2~3 min 后，用放大镜仔细观察贝克曼温度计中毛细管内水银柱位置，用秒表计时，连续每隔 30 s 准确测定出贝克曼温度计的读数（读数到小数点后第三位），记录数据，共测定、记录 60 个温度数据（或测定 2 个以上的波峰、波谷）。

6. 测定不同温度下恒温槽的灵敏度

按上述步骤，将恒温槽温度升高 5 ℃，按上面相同方法测定、记录该温度下的灵敏度数据。

7. 实验结束

测定完毕，请指导老师检查数据合格后，关闭仪器电源。将贝克曼温度计从恒温槽小心取出，抹干水，放置在盒子里，盖好盒盖。整理实验台，记录实验室温度、大气压力[①]，指导老师检查合格并在原始记录上签字后，完成实验。

注：① 压力是指垂直作用在物体上的力，单位为牛顿（N）；压强是指物体单位面积上受到的压力，单位为帕斯卡（Pa），1 Pa=1 N/m²。但现阶段部分行业、测量仪表等将两个名词通用，为使学生了解、熟悉行业实际情况，本书予以保留。——编者注

六、注意事项

（1）在调节贝克曼温度计时，应使水银柱停在刻度的中间部位。

（2）在对贝克曼温度计读数时，应使用放大镜估读至 0.002 ℃。

（3）设置恒温槽的温度应高于室温 10 ℃ 以上。

七、数据记录和处理

（1）实验数据记录（表 1-1）。

表 1-1　恒温槽灵敏度的测定数据记录

实验室温度：　　　　　　　　　　　　　　　大气压：

时间/min	
第一次恒温时贝克曼温度计的读数/℃	
第二次恒温时贝克曼温度计的读数/℃	

（2）以时间为横坐标、温度为纵坐标，绘制两次测定的温度-时间曲线（灵敏度曲线）。

（3）计算恒温槽的灵敏度。

八、思考题

（1）要提高恒温槽的灵敏度，可从哪些方面进行改进？

（2）如果所需恒定的温度低于室温，如何装备恒温槽？

九、讨　论

根据计算结果讨论，两次测定温度下的灵敏度是否相同，不同的原因是什么（结合思考题回答）？

附　件

附 1　水银温度计的校正

温度计的种类很多，其中水银温度计是最常用的。它的测温原理是基于不同温度时水银体积的变化与玻璃体积变化的差来反映温度的高低。它的优点是构造简单、使用方便、价格便宜、测量范围较广，一般适用于-35 ~ 360℃。如以特制的硬质玻璃制成，内充 Ne 或 Ar 等惰性气体，可使测量范围扩大到 750℃ 以上。当在水银中加入 25% 的 Ti 后，可测到-60℃ 的低温。水银温度计的缺点是长期使用后由于温度计玻璃的性质有所改变，其形状和体积也将发生变化，并且在测温时，温度计的玻璃各部分受热不均会使显示的温度发生偏差。所以在精密测量时需事先对温度计进行校正。

1. 零点的校正

通常用待校温度计测量纯水的冰点进行校正。另外，也可用一套标准温度计进行校正。校正时，把标准温度计与待校温度计捆在一起，使它们的水银球一端并齐，然后浸在恒温槽中，逐渐升高槽温，用测高仪同时读取两者的读数，即可作出校正曲线进行校正。

2. 露茎部分的校正

利用水银温度计进行测温时，应使温度计全部浸没于被测介质中，但在实际操作中是不可能的，所以要对温度计的露茎部分进行校正。校正方法如图 1-3 所示，并按下式进行计算。

$$\Delta t = kl(t_{测} - t_{辅})$$

式中　　k——水银对玻璃的相对膨胀系数，$k = 0.000\,157$；

　　　　$t_{测}$——测量温度计的读数；

　　　　$t_{辅}$——附在测量温度计上的辅助温度计的读数（辅助温度计的水银球置于测量温度计露在空气部分的水银柱中间为宜）；

　　　　l——测量温度计水银柱露在空气中的长度（以刻度数表示）。

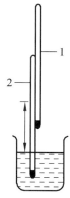

1—辅助温度计；2—测量温度计。

图 1-3　温度计的露茎校正

校正后的温度为：

$$t_{校} = t_{测} + \Delta t$$

附2　贝克曼温度计的构造及调整使用方法

1. 贝克曼温度计的构造及特点

在物理化学实验中，常常需要对体系的温度差进行精确的测量，如燃烧热的测定、中和热的测定及冰点降低法测定分子量等，均要求温度测量精确到 0.002 ℃。普通温度计不能达到此精确度，需用贝克曼温度计进行测量。

贝克曼温度计的构造如图 1-4（a）所示，它是水银温度计的一种，与一般水银温度计的不同之处在于，它除在毛细管下端有一水银球外，还在温度计的上部有水银贮槽。贝克曼温度计的特点是：它的刻度精确至 0.01 ℃，用放大镜读数时可估计到 0.002 ℃。另外它的量程较短（一般全程只有 5 ℃），因而不能测定温度的绝对值，一般只用于测温差。要测定不同范围内温度的变化，则需利用上端水银贮槽中的水银调节下端水银球中的水银量，水银贮槽的形式一般有两种，如图 1-4（b）。

2. 贝克曼温度计的调整

贝克曼温度计的调节根据实验的具体情况而定。若用在测冰点降低，在溶剂达冰点时应使它的水银柱停在刻度的上段；若用在测沸点升高，在沸点时，应使水银柱停在刻度下段；若用来测定温度的波动，应使水银柱停在刻度的中间部分。在调节之前，首先估计一个从刻度 d（d 为实验需要的温度所对应的刻度位置）到上端毛细管间所相当的刻度数值，设为 R（℃）。调节时，将贝克曼温度计放在盛热水的小烧杯内慢慢加热，使水银柱上升至毛细管顶部，此时将贝克曼温度计从烧杯中移出，并倒转使毛细管的水银柱与水银贮槽中的水银相连接。然后再把贝克曼温度计放到小烧杯中，缓慢加热到上部刻度值为 $t+R$（t 为实验所需要的温度值）。等汞柱稳定后，取出温度计，右手握住温度计中间部位，使温度计垂直向下，以左手掌快速轻拍右手腕，如图 1-4（c）（注意在操作时应远离实验台，不可直接敲打温度计以免损坏）。依靠振动的力量使毛细管中的水银与贮槽中的水银在其接口处断开，这时温度计可满足实验要求。若不满足，应重新调整。由于温度计从水中取出后水银体积迅速变化，因此这一操作要求迅速、轻快，但不能慌乱，以免造成失误。

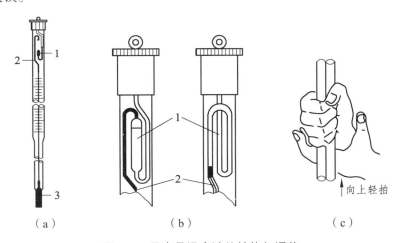

（a）　　　　　（b）　　　　　（c）

图 1-4　贝克曼温度计的结构与调整

由于贝克曼温度计的刻度是以某一温度为准而划定的，并且这一刻度可认为是不变的。所以，在不同温度下，由于水银对玻璃的膨胀系数不同，可能造成同一刻度间隔的水银量发生变化。因此，在不同的温度范围内，使用贝克曼温度计时需加以校正，贝克曼温度计在其他温度下对 20 ℃刻度的校正值如表 1-2 所示（不同的产品修正值可能不同）。

表 1-2　贝克曼温度计的校正值

校正温度/°C	读数 1°C 相当的温度/°C	校正温度	读数 1°C 相当的温度/°C
0	0.9930	55	1.0094
5	0.9950	60	1.0105
10	0.9968	65	1.0115
15	0.9985	70	1.0125
20	1.0000	75	1.0134
25	1.0015	80	1.0143
30	1.0029	85	1.0152
35	1.0043	90	1.0161
40	1.0056	95	1.0169
45	1.0069	100	1.0177
50	1.0081		

3. 贝克曼温度计使用注意事项

（1）贝克曼温度计属于较贵重的玻璃仪器，并且毛细管较长，易于损坏。所以在使用时必须十分小心，不能随便放置，一般应安装在仪器上或调节时握在手中，用毕应放进温度计盒里。

（2）调节时，注意不可骤冷骤热，防止温度计破裂。另外操作时动作不可过大，与实验台要有一定距离，以免触到实验台，损坏温度计。

（3）在调节时，如温度计下部水银球中的水银与上部贮槽中的水银始终不能相接，应停下来，检查原因。不可一味对温度计升温，致使下部水银过多地导入上部贮槽中而失去使用价值。

（4）测定完低温条件下的温差后，应及时将贝克曼温度计上端贮槽中的水银适量调入下端水银球内，避免下次使用时无法将上下端水银连接起来，影响使用。

2

实验二 燃烧焓的测定

一、实验目的

（1）通过用氧弹式量热计测定物质的摩尔燃烧焓变，掌握量热计的构造及使用方法，掌握有关热化学实验的知识和技术。

（2）进一步巩固恒压热与恒容热的差别和相互关系。

（3）掌握图解法校正温度变化的原理、方法。

二、预习要求

（1）明确燃烧焓变的定义，恒压燃烧热、恒容燃烧热之间的差异和联系。

（2）正确写出苯甲酸和萘的燃烧反应方程式。

（3）初步了解并掌握氧弹式量热计的基本原理和使用方法。

（4）明确校正温度变化的目的、原理、方法。

（5）掌握高压氧气钢瓶和减压阀的正确使用方法。

三、实验原理

化学反应时，当产物与反应物的温度相同，在反应过程中只做体积功而不做其他功时，化学反应吸收或放出的热量，称为此过程的热效应，通常也称为"反应热"。热化学中定义为：在指定温度和标准大气压下，1 mol 物质完全燃烧生成指定产物的焓变，称为该物质在此温度下的摩尔燃烧焓变，记作 $\Delta_c H_m$。通常 C、H、N、S、Cl 等元素的燃烧产物分别为 $CO_2(g)$、$H_2O(l)$、$N_2(g)$、$SO_2(g)$、$HCl(aq)$ 等。由于上述条件下 $\Delta H = Q_p$，因此 $\Delta_c H_m$ 就是该物质燃烧反应的恒压热效应 Q_p。

在实际测量中，燃烧反应常在恒容条件下进行（如在氧弹式量热计中进行），这样直接测得的是 n mol 物质燃烧反应的恒容热效应 Q_V（即燃烧反应的内能变 $\Delta_c U$）。若反应体系中的气体物质均视为理想气体，根据热力学推导，$\Delta_c H_m$ 和 $\Delta_c U_m$ 的关系为：

$$\Delta_c H_m = \Delta_c U_m + RT \sum v_B(g) \tag{2-1}$$

式中　T——反应温度，K；

$\Delta_c H_m$——摩尔燃烧焓，$J \cdot mol^{-1}$；

$\Delta_c U_m$——摩尔燃烧内能变，$J \cdot mol^{-1}$；

$\nu_B(g)$——燃烧反应方程式中各气体物质的化学计量系数（产物取正值，反应物取负值）。

通过实验测得 $Q_{V, m}$ 值，根据式（2-1）可计算出 $Q_{p, m}$，即燃烧焓变的值 $\Delta_c H_m$。

测量热效应的仪器称为量热计。量热计的种类很多，本实验是用氧弹式量热计测定萘的燃烧焓变。在盛有定量水（3 000 mL）的容器中，放入内装有 W g 样品和一定压力氧气的密闭氧弹，然后使样品完全燃烧，放出的热量传给水及仪器，引起温度上升。设系统（包括内水桶、氧弹、测温器件、搅拌器和水）的热容为 K（含义为量热计系统温度每升高 1 ℃ 所吸收的热量，也称为水当量），而燃烧前、后的温度为 T_1、T_2，则此样品的摩尔燃烧内能变化为：

$$\frac{W}{M_r} \Delta_c U_m = K \Delta T = K(T_2 - T_1) \qquad （2-2）$$

式中　$\Delta_c U_m$——样品的摩尔燃烧内能变化，$J \cdot mol^{-1}$；

　　　M_r——样品的摩尔质量，$g \cdot mol^{-1}$；

　　　W——样品的质量，g；

　　　K——仪器的热容，$J \cdot K^{-1}$。

同一台仪器在相同条件下热容 K 是常数。

确定仪器热容 K 的方法是利用已知燃烧热的物质（如本实验用苯甲酸，$Q_{V, m, 苯甲酸}$ $= -3.2313 \times 10^6 J \cdot mol^{-1}$），放在量热计中燃烧，按相同方法测其始、末温度（或温差）T_1、T_2。实验中用棉线将样品、燃烧丝捆绑在一起，燃烧丝两端固定在点火电极上，电流通过燃烧丝发热引燃样品，所以棉线、燃烧丝燃烧放出的热在计算时都应予扣除校正，将公式（2-2）变为公式（2-3），即可准确求出仪器的热容 K。

$$\frac{W}{M_r} \Delta_c U_m = \frac{W}{M_r} Q_{V, m} = K \Delta T - (Q_{V, 燃烧丝} \cdot m_{燃烧丝} + Q_{V, 棉线} \cdot m_{棉线}) \qquad （2-3）$$

式中，燃烧丝、棉线的恒容热分别为：

$$Q_{V, 燃烧丝} = -6.694 \times 10^3 J \cdot g^{-1}, \quad Q_{V, 棉线} = -1.6747 \times 10^4 J \cdot g^{-1}$$

燃烧丝、棉线质量（g）表示为 $m_{燃烧丝}(g)$、$m_{棉线}(g)$，燃烧丝消耗的质量一般通过测定其长度变化间接得到，1 mm 燃烧丝的质量约为 1 mg。

知道了仪器的热容 K 值，测出样品燃烧所引起的温度变化（$\Delta T = T_2 - T_1$），代入公式（2-3）即可求出样品的恒容热 $Q_{V, m}$（$\Delta_c U_m$），写出燃烧反应方程式，利用公式（2-1）求出其燃烧焓 $\Delta_c H_m$。

氧弹式量热计有两类：一类称绝热式氧弹量热计，装置中有温度控制系统，在实验过程中，环境温度与实验体系的温度始终相同或始终略低 0.3 ℃，热损失可以降低到极微小程度，因而，可以直接测出初温和最高温度。一般实验室较多使用的是另一类环境恒温量热计，如 HSR-15 型氧弹量热计（图 2-1），量热计的最外层是温度恒定的水夹套，样品在氧弹（图 2-2）中完全燃烧，通过数字测温计或贝克曼温度计测出样品燃烧放出的热使量热计的温度变化 ΔT，即可按前面所述原理进行相关计算。

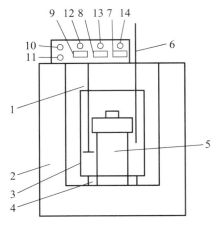

1—搅拌器；2—外桶；3—内桶；4—氧弹支架；5—氧弹；6—测温计；7—点火开关；
8—电源开关；9—搅拌开关；10、11—点火输出电极；12—搅拌器指示灯；
13—电源指示灯；14—点火指示灯。

图 2-1　HSR-15 型氧弹量热计

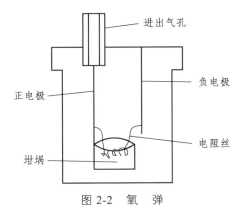

图 2-2　氧　弹

环境恒温量热计的氧弹是特制的不锈钢容器，为了保证样品在其中完全燃烧，氧弹中要充入高压氧气，因此要求氧弹密封、耐高压、抗腐蚀。测定粉末样品时必须将样品压成片状，以免充氧气时冲散样品或者在燃烧时飞散，造成实验误差，这是本实验成功的关键之一。其次还必须使燃烧后放出的热量尽可能全部传递给量热计。为了尽量减少和环境之间的热交换，量热计设计了如恒温夹套、搅拌器、挡板以及壁、桶的高度抛光等措施，这些都是为了最大限度地降低热交换的发生。

实验中体系与环境之间常常由于温差较大，存在一定的热交换，因此必须扣除环境与系统之间的热交换才能准确得到燃烧物质（样品及棉线、点火丝）燃烧后温度的变化 ΔT，

常用雷诺校正法求 ΔT 的准确值，方法如图 2-3 和 2-4 所示，详细步骤如下：

称取适量样品物质，一般燃烧后使温度升高 1.5~2.0 ℃ 为宜（温度变化不能超过 3 ℃，否则雷诺校正法误差增大，校正结果不可靠）。通过描绘燃烧前后历次测定的温度变化，连成 FHIDG 光滑曲线，即雷诺曲线（图 2-3），图中 F、G 点表示开始测定和结束测定的温度，H 点的温度相当于可燃物质开始燃烧时的温度，D 点温度为实验观测到的最高温度，过点 J（D、H 点温度的平均值）作平行于横轴（时间轴）的直线，交曲线于 I 点。过 I 点作横轴的垂线 ab，再将 FH 线和 GD 线向 ab 方向延长，交直线 ab 分别于 A、C 点，A、C 点所对应的温度差即为待测样品燃烧后的校正温度的变化 ΔT。图中 AA' 对应的温度差为点火燃烧前，由环境辐射进入仪器的热以及搅拌过程产生的能量而造成温度的升高，必须扣除；CC' 对应的温度差为燃烧温度升高到最高点 D 过程中体系向环境辐射出能量而造成温度的降低，因此需要添加上。所以不能仅测出样品燃烧前后的温度（即 $A'C'$ 对应的温度），否则求出的温差显然是不准确的。

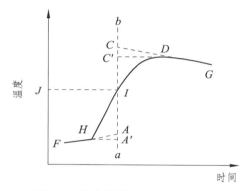

图 2-3　绝热较差时的雷诺校正图

由此可见 A、C 两点的温差客观地表示了样品燃烧使量热计温度升高的数值。有时量热计的绝热情况良好，热交换小，但搅拌器功率较大，搅拌时可能产生微小能量使得燃烧后不出现最高点，温度缓慢地上升（图 2-4），此时必须扣除搅拌产生热引起的温升（即 CC' 对应的温度），对应的 ΔT 仍然是 A、C 对应的温度差。

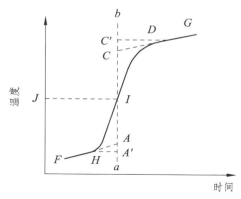

图 2-4　绝热良好时的雷诺校正图

实验中温度测量的准确性直接影响燃烧焓测量的结果，因此必须选用精度很高的元件来测定温度变化值。

四、仪器和试剂

1. 仪 器

容量瓶（2000 mL、1000 mL）	各 1 只；
HSR-15 型氧弹量热计	1 套；
高压氧气钢瓶	1 个；
氧气减压阀	1 只；
压片机	1 套；
万用表	1 只；
不锈钢直尺	1 把。

2. 试 剂

苯甲酸（AR）；
萘（AR）；
点火丝；
棉线。

五、实验步骤

1. 仪器热容 K 的测定

（1）取已压片的苯甲酸约 0.8 g，准确称重。取长度约为 10 cm 的点火丝，用不锈钢直尺准确量其长度 B_1（mm）。用已称量的棉线将样品捆绑好，把点火丝穿入棉线，固定在一起。将样品小心地置于氧弹的不锈钢坩埚内，把点火丝的一端紧密地缠绕在氧弹盖下的两电极杆（图 2-2 中的正、负电极）之一上，再小心地把点火丝的另一端稍微提起，让样品置于不锈钢坩埚上方约 0.5 cm 处，点火丝不能与坩埚接触，将点火丝的另一端也全部紧密地缠绕在另一根电极杆上，点火丝一定要与电极杆缠绕紧（不能出现短路或断路）。用万用表的电阻挡检查氧弹盖上对应的电极端口，100 Ω 挡应有明显的偏转；否则说明燃烧丝和电极未缠紧，实验时将无法点火，必须重新缠紧。

（2）小心地旋紧氧弹盖子，将准备好的氧弹小心放到充氧器下方。打开高压氧气钢瓶总阀（反时针旋转至总表显示钢瓶内总压），顺时针旋转氧气减压阀手柄至氧气输出压力为 0.2 MPa，轻轻地压下充氧器的手柄（不能出现漏气现象），充氧 3~5 s，快速松开手柄，取出氧弹，在一旁用专用工具将氧弹内的混合气体排出。再将氧弹放到充氧器下方，按相同的方法充氧气，调整氧气压力在 1.0~1.2 MPa，充氧 10 s 左右（保证弹内氧气充足）。

先关闭氧气钢瓶总阀（顺时针旋转至较吃力时为止），慢慢向上抬起充氧器手柄，使减压阀出口压力表及总压力表显示为零，然后将氧气减压阀调节手柄反时针旋转退出（关闭出气口）。取下氧弹，用万用表检查燃烧丝与电极是否仍然捆绑缠紧（100 Ω 挡应有比较大的偏转），否则应排气后将燃烧丝缠紧在电极上，重新进行以上的充氧操作。

（3）将充足氧气的氧弹小心放入量热计内桶中的金属底座支架上，氧弹的提环放置在离操作者近侧，用容量瓶准确量取 3 000 mL 自来水，小心全部倒入量热计内桶（应淹没氧弹）。同时检查氧弹是否漏气，如有气泡产生，表示氧弹漏气，须取出氧弹，排气后将各部分旋紧，重新充足氧气后再放入桶内。

（4）接上点火电极的导线（图 2-4 中所示电极），且不能出现短路现象，盖好桶盖后，再垂直插入温度传感器（测温计）（注意顺序不得错误，否则会损坏测温计）。

（5）开启量热计、测温仪和搅拌器电源，量热计上 3 个指示灯均亮。数分钟后，待测温仪的温差显示变化较小，反复按测温仪的"采零"按钮，直到显示温度差为零（或接近零）停止，然后按"锁定"，完成温差相对零点设定（如要重新设置温差零点，则必须关闭测温仪的电源，重新启动，再按上述方法进行操作）。将测温仪的"置数/测量"按钮设为"置数"位置，按"时间"设置按钮▲或▼，时间设置为 15 s；将测温仪的"置数/测量"按钮，调为"测量"位置，此时表示每隔 15 s 测定一次温度变化，仪器自动鸣叫。设置好 3～5 min 后，仪器自动鸣叫时，立即读出测温仪显示的温差值（为三位小数的数字），连续测定 5 min；第 20 个温差测完后马上按"点火"按钮，2~3 s 后"点火指示灯"由亮变灭，点火成功，温差变化逐渐增大；随后温度变化继续增大（上升），继续每隔 15 s 测定、记录一次温度变化（不得间断测定记录）。如果温差变化一直很小，则点火或实验失败，立即停止实验，分析排除故障，重新实验。

（6）实验测定到温差出现最高点或连续 3～4 个相同的温差值（作为最高点），之后再继续测定、记录 5 min 的温差（20 个点），并记录下测温仪显示的实验结束温度（两位小数的数字）。

（7）关闭搅拌器电源、测温仪电源和总电源。首先小心取出测温计，插入量热计夹套内，再打开氧弹量热计盖（注意顺序不能错，否则会损坏测温计），取下电极，将氧弹小心取出，擦干净水，在边台上将氧弹中的气体排出后检查燃烧是否完全（如燃烧不完全必须重做），小心取下剩余燃烧丝，拉直后量出并记下其长度 B_2（mm），将氧弹及盖清洗干净、抹干水，将桶内的自来水倒掉，将桶清洗干净，抹干备用。

2. 样品（萘）燃烧温度变化的测定

同步骤 1，测定已压片且准确称量的样品萘（约 0.8 g）燃烧的温度变化。

实验注意事项：

（1）使用氧气钢瓶，一定要按照要求正确操作，注意安全。往氧弹内充入氧气时，一定不能超过指定的压力（1.2 MPa），以免发生危险。但氧气也必须充足，才能保证燃烧反应完全。

（2）燃烧丝与两电极及样品片一定要捆绑缠绕紧，接触良好，不能有短路，也不能断路。

（3）使用测温计时顺序一定要正确，不得错误。

（4）测定温差读数（三位小数）时一定要及时、准确。

（5）测定仪器热容 K 与测定样品的条件必须一致。

3. 结束实验

数据经指导老师检查认可，关闭仪器电源，记录实验室温度、大气压，清洗整理实验物品，做好清洁卫生，经老师签字许可后结束实验。

六、数据记录和处理

1. 数据整理

将实验数据整理填入表 2-1、表 2-2 中。

表 2-1　基本数据表

实验室温度：　　　　　　　　大气压：　　　　　　　仪器编号：

样品名	样品质量/g	样品摩尔质量 M_r /g·mol^{-1}	棉线质量/g	燃烧丝				燃烧的质量 W/g
				点火前		点火后		
				长度 B_1/mm	质量 W_1/g	长度 B_2/mm	质量 W_2/g	

表 2-2　样品的时间-温度测定数据

测定实验温度：

时间 t（15 s 一次）	1	2	3	4	5	6	7	8	9	10
温度 T/℃										

2. 仪器热容 K 的计算

计算时一定要注意公式中各物理量的量纲，避免计算错误。

（1）用表 2-2 中苯甲酸的数据按规范要求作出其雷诺曲线，求出苯甲酸燃烧的校正后温度变化 $\Delta T_{苯甲酸}$。

（2）用上面校正得到的 $\Delta T_{苯甲酸}$ 和表 2-1 中对应样品苯甲酸的数据，代入公式（2-3）计算出仪器热容 K（特别注意各物理量的量纲）。

3. 待测物萘摩尔燃烧焓变的计算

（1）同理，用表 2-2 中待测样品萘的数据按规范作出其雷诺曲线，求出萘燃烧的校正

后温度变化 $\Delta T_{\text{萘}}$。

（2）用上面校正得到的 $\Delta T_{\text{萘}}$ 和表 2-1 中对应萘的数据以及仪器热容 K，代入公式（2-3）计算出萘的摩尔恒容热 $Q_{V,\text{m}}(\Delta_c U_\text{m})$。

（3）正确写出萘的燃烧反应方程式，确定反应气体物质的计量系数变化，利用公式（2-1）计算萘的摩尔燃烧焓变 $\Delta_c H_\text{m}(Q_p)$。

说明：以萘测定结束记录的温度 T（两位小数的温度值）代替反应温度计算 Q_p。

4. 误差分析及思考

（1）在附录中查出萘的标准摩尔燃烧焓变 $\Delta_c H_\text{m}^{\ominus}$，计算实验测定的误差。

（2）利用误差传递理论，分析结果误差的主要来源，并加以讨论。

七、思考题

（1）本实验成功的关键有哪些方面？

（2）使用氧气钢瓶和减压阀时应注意的事项有哪些？

（3）为何测出的温度变化要进行校正？如何校正？

（4）固体样品为什么要压成片状？若欲测定液体样品的燃烧焓变，实验如何改进？

八、讨　论

分析实验成功与失败的原因。

3

实验三　中和热的测定

一、实验目的

（1）掌握中和热的测定方法。

（2）通过中和热的测定，计算弱酸的解离热。

二、预习要求

1. 掌握实验原理

（1）利用什么原理来测定酸、碱反应的中和热？

（2）中和热与反应热是否相同？它们之间有什么区别和联系？

2. 掌握实验操作的要点

（1）盐酸、NaOH、CH_3COOH 溶液浓度的配制必须准确。

（2）实验过程中需要碱过量。所用酸、碱溶液的浓度在 0.50~1.0 $mol \cdot L^{-1}$。

（3）实验操作要快速，尽量减少热量的散失。

3. 数据处理

（1）雷诺校正作图法测试 ΔT；

（2）中和热的计算；

（3）弱酸的解离热计算。

三、实验原理

化学反应常常伴随着热量变化，定量地计算化学反应热，并由此考察物质微粒中键能的改变，是热化学的基本课题。盖斯定律以及随后建立的热力学第一定律，精辟地阐明了只做体积功的等压或等容反应的反应热都只取决于体系的始、终状态，而与具体途径无关，即 $Q_p = \Delta H$，$Q_v = \Delta U$。因此，等压（或等容）下化学反应的反应热可以由体系的焓变（或内能变化）来计算。若使酸碱中和反应在等压绝热条件下进行，则反应放出的热全部由体系吸收而使体系温度升高，若已知量热计的热容（即量热计常数 K），就可根据体系反应前后的温差值，求得反应热 $\Delta H_{中和}$。

在一定温度、大气压力和浓度下，1 mol H^+和 1 mol OH^-完全发生中和反应时放出的热叫中和热。对于强酸和强碱来说，由于其在水溶液中几乎全部电离，所以其中和反应实际上是 $H^+ + OH^- \rightleftharpoons H_2O$，由此可见，这类反应的中和热与酸（或碱）的阴离子（阳离子）无关，故任何强酸和强碱的中和热都相同。而对于弱酸、弱碱来说，它们在水溶液中没有完全电离，因此，在反应的总热效应中还包含弱酸、弱碱的解离热，如以强碱（NaOH）中和弱酸（HAc）时，其在中和反应之前，首先进行弱酸的解离，故其反应情况可以表示如下：

$$HAc \rightleftharpoons H^+ + Ac^- \qquad \Delta H_{解离}$$

$$H^+ + OH^- \rightleftharpoons H_2O \qquad \Delta H_{中和}$$

总反应 $\qquad HAc + OH^- \rightleftharpoons H_2O + Ac^- \qquad \Delta H_{反应}$

由此可见，$\Delta H_{反应}$ 是弱酸与强碱中和反应的总热效应，它包括中和热和解离热两部分。根据盖斯定律可知，如果测得这一反应的 $\Delta H_{反应}$ 和 $\Delta H_{中和}$，就可以计算出弱酸的解离热 $\Delta H_{解离}$。即

$$\Delta H_{反应} = \Delta H_{中和} + \Delta H_{解离} \tag{3-1}$$

$$\Delta H_{解离} = \Delta H_{反应} - \Delta H_{中和} \tag{3-2}$$

如果中和反应是在绝热良好的杜瓦瓶中进行，让酸和碱的起始温度相同，同时使碱稍微过量，以使酸能被完全中和，则中和反应放出的热量可以全部被溶液和量热计所吸收，这时可写出如下的热平衡式：

$$\frac{M_{酸} \cdot V_{酸}}{1000} \Delta H_{中和} = -K\Delta T \tag{3-3}$$

式中 $\quad M_{酸}$——酸的浓度，$mol \cdot L^{-1}$；

$\qquad V_{酸}$——酸的体积，mL；

$\qquad \Delta H_{中和}$——反应温度下的中和热，$J \cdot mol^{-1}$；

$\qquad K$——量热计热容量，$J \cdot K^{-1}$（表示量热计各部分热容量之和，即加热该量热计系统，使温度升高 1 K 所需的热量）；

$\qquad \Delta T$——溶液真实温差，K，可用雷诺图解法求得。

测定量热计热容 K 有两种方法：化学标定法和电热标定法。前者是将已知热效应的标准样品放在量热计中反应，使其放出一定热量；后者是在溶液中输入一定的电能，然后根据已知热量和升温，按式（3-4）计算出 K。前一种方法可以用强酸（HCl）和强碱（NaOH）在量热计中反应，利用其已知的中和热及测得的温度变化，计算量热计的热容量。测得量热计的热容量 K 后，就可以在相同条件下测定未知反应的反应热。

所以量热法测定中和热的方法是：在绝热容器中，先求得量热计的热容量 K，然后根据 K 值和测得的 ΔT 求出所测的反应热，然后对其进行校正进而算出中和热。

四、仪器和试剂

1. 仪　器

SWC-ZH 中和热测定装置　　　1 套；
量筒（500 mL）　　　　　　　1 只；
量筒（50 mL）　　　　　　　 3 只。

量热器的构造见图 3-1，在容量为 850 mL 的杜瓦瓶（大口保温杯）上，装有用传热不良材料制成的盖，通过盖子固定热敏电阻温度计、电加热丝和带玻璃棒（下面为磨口塞）的碱储液管。杜瓦瓶下装有磁力搅拌器。电热丝装在 U 形管中，有一定的散热面积，使电热丝的热量很容易散出。

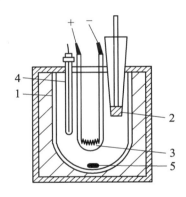

1—杜瓦瓶；2—碱储液管；3—电加热丝；4—热敏电阻温度计；5—搅拌磁珠。

图 3-1　量热器

2. 试　剂

1 mol·L^{-1} 的 HCl 溶液；
1 mol·L^{-1} 的 NaOH 溶液；
1 mol·L^{-1} 的 CH$_3$COOH 溶液。

五、实验步骤

1. 仪器准备

（1）打开机箱盖，将仪器平稳地放在实验台上，将传感器 PT100 插头接入后面板上的传感器座，用配置的加热功率输出线接入 "I+" "I−" "红-红" "蓝-蓝"，接入 220 V 电源。

（2）打开电源开关，仪器处于待机状态，待机指示灯亮，预热 10 min。

（3）将量热杯放在反应器的固定架上。

2. 量热常数 K 的测定

（1）用水擦净量热杯，量取 500 mL 蒸馏水注入其中，放入搅拌磁珠，调节适当的转速。

（2）将 O 形圈套入传感器并将传感器插入量热杯中（不要与加热丝相碰），将功率输入线两端接在电热丝两接头上。按"状态转换"键切换到测试状态（测试指示灯亮），调节"加热功率"旋钮，使其输出所需功率（一般为 2.5 W），再次按"状态转换"键切换到待机状态，并取下加热丝两端任一夹子。

（3）待温度基本稳定后，按"状态转换"键切换到测试状态，仪器对温差自动采零，设定"定时"60 s，蜂鸣器响，记录一次温差值（即 1 min 记录 1 次）。

（4）当记录下第十个读数时，夹上取下的加热丝一端的夹子，此时为加热的开始时刻。连续记录温差和计时，根据温度变化大小可调整读数的间隔，但必须连续计时。

（5）待温升值升到 0.8 ℃ 以上时，取下夹子，停止加热，记下停止加热的时刻。继续记录温差和计时，1 min 记录 1 次，10 min 后停止记录。按"状态转换"键切换到待机状态。

（6）用雷诺校正作图法确定 ΔT_1。

3. 中和热的测定

（1）将量热杯中的水倒掉，用干布擦净，重新用量筒量取 400mL 蒸馏水注入其中，然后加入 50 mL 1mol·L^{-1} 的 HCl 溶液，再取 50 mL 1mol·L^{-1} 的 NaOH 溶液注入碱储液管中，仔细检查是否漏液。

（2）适当调节磁珠的转速，盖好瓶盖，每分钟记录一次温差，记录 10 min。

（3）迅速拔出玻璃棒，加入碱溶液（不要用力过猛，以免相互碰撞而损坏仪器）。继续每隔 1 min 记录一次温差（注意整个记录过程是连续的）。

（4）加入碱溶液后，温度上升，待体系中温差几乎不变并维持一段时间即可停止测量。

（5）用作图法确定 ΔT_2。

4. 醋酸解离热的测定

用 1 mol·L^{-1} CH$_3$COOH 溶液代替 HCl 溶液，重复上述步骤 3，求出 ΔT_3。

5. 实验结束

测定完毕，请指导老师检查数据合格后，关闭仪器电源，清洗量筒、量热杯、磁珠，放置在指定位置。整理好实验台，记录实验数据，指导老师检查合格并在原始记录上签字后，完成实验。

六、数据记录和处理

1. 数据记录

将实验数据记录于表 3-1 中：

表 3-1　实验数据记录

电加热功率 $P=$ 通电时间 $t=$

ΔT		
ΔT_1	ΔT_2	ΔT_3

2. 量热计常数的计算

由实验可知，通电所产生的热量使量热计温度上升 ΔT，由焦耳-楞次定律可得：

$$Q = Pt = K\Delta T_1 \tag{3-4}$$

式中　Q——通电所产生的热量，J；

P——加热功率，W；

t——通电时间，s；

ΔT——通电使温度升高的数值，K；

K——量热计常数。当使用某一固定量热计时，K 为常数。

由式（3-4）可得：

$$K = \frac{Pt}{\Delta T_1} \tag{3-5}$$

通过式（3-5），可计算出量热计常数 K。

3. $\Delta H_{中和}$ 和 $\Delta H_{反应}$ 的计算

将量热计常数 K 及作图法求得的 ΔT_2、ΔT_3 分别代入下式（式中 $c=1 \text{ mol} \cdot \text{L}^{-1}$，$V=50$ mL），计算出 $\Delta H_{中和}$ 和 $\Delta H_{反应}$。

$$\Delta H_{中和} = -\frac{K\Delta T_2}{cV} \times 1000 \tag{3-6}$$

$$\Delta H_{反应} = -\frac{K\Delta T_3}{cV} \times 1\,000 \tag{3-7}$$

4. $\Delta H_{解离}$ 的计算

$$\Delta H_{解离} = \Delta H_{反应} - \Delta H_{中和} \tag{3-8}$$

七、思考题

（1）本实验是用电热法求得量热计常数，试考虑是否可用其他方法？能否设计出一个实验方案来？

（2）试分析测量中影响实验结果的因素有哪些。

4

实验四　液体饱和蒸气压的测定

一、实验目的

（1）掌握用静态法（也称等位法）测定液体饱和蒸气压的方法，进一步理解液体饱和蒸气压与温度的关系。

（2）学会用图解法求实验温度范围内乙醇的平均摩尔汽化焓（热）$\Delta_{vap}H_m$ 及正常沸点 T_b。

二、预习要求

1. 掌握实验原理

（1）液体饱和蒸气压的概念。
（2）沸点与正常沸点的定义。
（3）温度与蒸气压的变化关系。

2. 掌握实验操作要点

（1）装样品的方法。
（2）系统检漏的意义及方法。
（3）不同温度下液体饱和蒸气压的测定方法（静态法）。
（4）把握测定过程中减压或加压的时机。

3. 掌握数据处理方法

（1）液体饱和蒸气压 p 的计算方法。
（2）正确熟练绘制 $\lg p$-$1/T$ 曲线。
（3）实验温度范围内乙醇的平均摩尔汽化焓 $\Delta_{vap}H_m$ 及正常沸点 T_b 的计算方法。

三、实验原理

液体的蒸气压与温度有关，温度升高，分子运动加剧，导致单位时间内从液面逸出的分子数增多，蒸气压增大；反之，温度降低，蒸气压减小。当蒸气压与外界大气压相等时，液体沸腾。外压不同时，液体的沸点也不同。我们把外界大气压为 100.0 kPa 时液体的沸腾温度定义为液体的正常沸点（T_b）。

在一定温度下，与纯液体处于平衡的蒸气压强称为该温度下液体的饱和蒸气压。

不同温度下液体的饱和蒸气压不同，它们的关系可用克劳修斯-克拉贝龙（Clausius-Clapeyron）方程式表示如下：

$$\frac{\mathrm{d}\ln p}{\mathrm{d}T} = \frac{\Delta_{vap}H_m}{RT^2}$$

式中　p——液体在温度 T 时的饱和蒸气压，kPa；

　　　T——热力学温度，K；

　　　$\Delta_{vap}H_m$——液体摩尔汽化焓。

设蒸气为理想气体，在实验温度变化较小的范围内，可把 $\Delta_{vap}H_m$ 视为常数（平均摩尔汽化焓），上式积分后，得

$$\lg p = -\frac{\Delta_{vap}H_m}{2.303R} \times \frac{1}{T} + A$$

式中　A——积分常数。

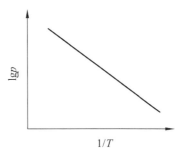

测定不同温度下的饱和蒸气压，以 $\lg p$ 对 $1/T$ 作图，可得一直线（图 4-1），而由直线的斜率可以求出实验温度范围内的液体平均摩尔汽化焓 $\Delta_{vap}H_m$。

图 4-1　$\lg p$-$1/T$ 曲线

测定液体饱和蒸气压有以下三种方法：

（1）静态法：在某一温度下直接测量饱和蒸气压。

（2）动态法：在不同外界大气压下测定其沸点，由沸点计算得到饱和蒸气压。

（3）饱和气流法：使干燥的惰性气流通过被测物质，并使其为被测物质所饱和，然后测定所通过的气体中被测物质蒸气的含量，最后根据分压定律计算出此被测物质的饱和蒸气压。

本实验采用静态法，用等压计在不同温度下测定乙醇的饱和蒸气压 p。图 4-2 所示的等压计是其中心仪器，常有两种类型，其功能及使用方法相同。

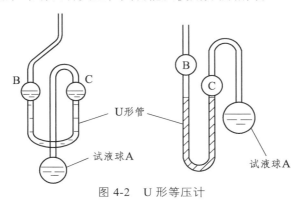

图 4-2　U 形等压计

等压计由试液球 A、B、C 及 U 形管组成，将等压计（等位计）的 A、B、C 球装入乙醇（U 形管造成液封）。在一定温度下，若管内气液达到平衡状态，当 U 形管的 B、C

球液面处在同一水平面时，表示试液球 A 与 C 之间管内的液体蒸气压恰好与 B 上方的外界大气压相等，即此时试液球 A 与 C 之间的压力对应该温度下乙醇的饱和蒸气压，用当时的大气压减去该外界压力计读数，即为该温度下乙醇的饱和蒸气压，此时的温度就是该压力下的沸点。饱和蒸气压 p 可用下式计算：

$$p = p' - E$$

式中　p'——室内大气压（由气压计读出）；

　　　E——数字压力计上的读数。

应当注意的是，液体的沸点和外压有关，外压越低，饱和蒸气压越大，沸点越低。

四、仪器和试剂

1. 仪　器

恒温装置	1 套；
真空泵	1 台；
气压计	1 台；
等压计	1 支；
数字式低真空测压仪	1 台；
缓冲储气罐。	1 个；

液体饱和蒸气压测定装置如图 4-3 所示。

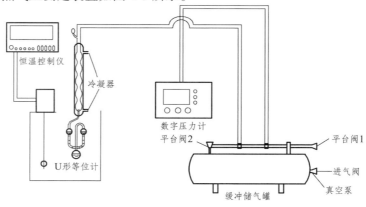

图 4-3　液体饱和蒸气压测定装置

2. 试　剂

无水乙醇（AR）。

五、实验步骤

1. 装样品

从等压计入口处注入乙醇液体，使 A 球装有 2/3 的液体，B、C 球装有 1/2 的液体。

2. 检　漏

将装好液体的等压计按图 4-3 连接好，系统应该充分密闭。打开数字压力计（单位为 kPa），关闭平衡阀 1 及进气阀（平衡阀 2 已处于开启状态，在实验过程中一般不动），打开真空泵抽气系统，打开进气阀，当数字压力计读数显示为 50kPa 左右时先关闭进气阀，再关闭真空泵（为什么）。约 2 min 后注意观察数字压力计读数的变化，如果数字压力计显示的数值连续变小，说明系统漏气。这时应该仔细分段检查，找出漏气部位并设法消除（主要检查各阀门关闭情况）；反之，系统不漏气，可以开始下一步实验。

应当注意，检漏过程中不能开启恒温控制仪（为什么）。

3. 采　零

使压力传感器接通大气，也就是按一下"采零"键，泄压至零，以消除仪表系统的零点漂移，此时显示"0000"；再按一下"复位"键，又回到系统，即可进行后面的测量。

4. 测　量

（1）起始温度点乙醇液体蒸气压差的测定。

打开恒温控制仪，接通冷凝水，调节并恒温至所需温度后，打开真空泵，打开进气阀活塞缓缓抽气，使 A 球中液体内溶解的空气和 A、C 空间内的空气呈气泡状通过 U 形管中液体排出（为什么需要排除空气）。接着抽气若干分钟，U 形管中乙醇沸腾（此时已经停止减压，但有气泡极其缓慢逸出），关闭进气阀及真空泵，小心调节平衡阀 1，使微量空气缓慢进入测量系统，直至 B、C 两球中液面等高，从数字压力计上读出压力差。同法重复操作，再抽气，再使乙醇沸腾，再次调节 B、C 两球中液面等高，读出压力差，直至前后两次测定的压力差读数相差 ±0.2 kPa，表示 A 球液面上的空间已全被乙醇蒸气充满，空气已经排除干净（为什么）。选择最后两次测定读数，取其平均值。

（2）后面各温度点乙醇液体蒸气压差的测定。

待起始温度点乙醇液体蒸气压差测定完成后，调节恒温控制仪，每次升温 5 ℃，注意升温过程中不能使 U 形管中乙醇沸腾出泡（为什么？应该怎样控制液体沸腾）。恒温后小心调节平衡阀 1，使微量空气缓慢进入测量系统，直至 B、C 两球中液面等高，从数字压力计上读出压力差即得到第一次结果；打开真空泵，打开进气阀活塞微量抽气，使 B、C 两球中液面出现 2～3 cm 的高度差，停止抽气，小心调节平衡阀 1，使微量空气缓慢进入测量系统，直至 B、C 两球中液面等高，从数字压力计上读出压力差即得到第二次结果。两次测定结果取平均值。

后面依次升温，按照步骤（2）的操作方法完成各温度下乙醇液体蒸气压差的测定。共测定 5 个温度点的压力差。

5. 结束实验

测定完毕后，打开平衡阀 1 释放负压，关闭冷凝水，全部仪器设备归零、整理，关闭电源，打扫卫生，完成实验。

六、注意事项

（1）整个实验过程中应保持等压计始终全部没于水中。

（2）整个实验过程中应保持等压计 A 球液面上空的空气排净。

（3）减压抽气的程度要合适，必须防止等压计内液体沸腾过于剧烈，否则 U 形管内液体被抽尽会导致实验失败。

（4）蒸气压与温度有关，故测定过程中恒温槽的温度波动需控制在±0.1 K。

（5）实验过程中需防止 U 形管内液体倒灌入 A 球，带入空气而使实验失败。

七、数据记录和处理

（1）将原始数据及计算结果填入表 4-1，写出计算过程（重复的计算方法可省略）。

（2）作 $\lg p$-$1/T$ 图，根据斜率求出乙醇在实验温度范围内的平均摩尔汽化焓 $\Delta_{vap}H_m$。

（3）根据直线直接求出乙醇的正常沸点 T_b 或者采用计算+图示法求得。计算 T_b 与文献值的误差。

表 4-1　液体饱和蒸气压测定数据记录

室温：_____°C；　　　　　　　　　　　　大气压：_____kPa

序号	温度/°C	压差 E/kPa	饱和蒸气压 p/kPa	$\lg p$	$1/T$
1					
2					
3					
4					
5					

八、思考题

（1）本实验方法能否用于溶液蒸气压的测定？为什么？

（2）温度越高，测出的蒸气压误差越大，为什么？

九、讨　论

分析实验成功与失败的原因。

5

实验五　双液系气-液平衡相图的绘制

一、实验目的

（1）掌握回流冷凝法测定溶液沸点的方法。

（2）绘制环己烷-异丙醇双液系的沸点-组成图，确定其恒沸组成和恒沸温度。

（3）了解阿贝（Abbe）折射仪的构造原理，掌握阿贝折射仪的使用方法

二、预习要求

1. 掌握实验原理

（1）液体沸点的概念。

（2）溶液的恒沸组成及恒沸温度。

2. 掌握实验操作要点

（1）装样品的方法。

（2）系统检漏的意义及方法。

（3）阿贝折射仪的使用方法。

3. 掌握数据处理方法

（1）液体沸点的测量方法。

（2）正确熟练绘制沸点-组成图。

三、实验原理

在一定的外压下，纯液体的沸点是恒定的。但是对于完全互溶的双液系，沸点不仅与外压有关，而且与其组成有关。并且在不同沸点，平衡的气-液两相组成往往不同。表示溶液的沸点与平衡时气-液两相组成关系的相图，称为沸点-组成图，即 T-X 图。完全互溶双液系的气-液平衡相图，根据体系拉乌尔定律的偏差情况，可分为 3 类：

（1）一般偏差：混合物的沸点介于两种纯组分之间，如甲苯-苯体系，其 T-X 图如图 5-1（a）所示。

（2）最大负偏差：存在一个最小蒸气压值，比两个纯液体的蒸气压都小，混合物存在最高沸点，如盐酸-水体系，其 T-X 图如图 5-1（b）所示。

（3）最大正偏差：存在一个最大蒸气压值，比两个纯液体的蒸气压都大，混合物存在最低沸点，其 T-X 图如图 5-1（c）所示。

（2）（3）两类溶液，在最高或最低沸点时的气-液两相组成相同，这些点称为恒沸点，此浓度的溶液称为恒沸混合物，相应的最高或最低沸点称为恒沸温度，相应的组成称为恒沸组成。图 5-1（b）（c）为具有恒沸点的双液系相图。这两类溶液在最低或最高恒沸点时的气相和液相组成相同，因而不能像第（1）类溶液那样通过反复蒸馏的方法使双液系的两个组分相互分离，而只能采取精馏等方法分离出一种纯物质和另一种恒沸混合物。

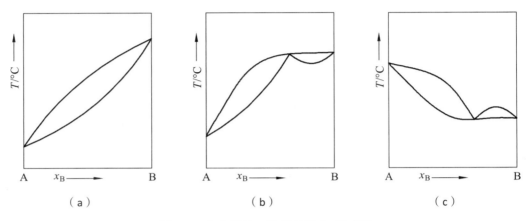

图 5-1　完全互溶双液系的沸点-组成图

本实验以环己烷-异丙醇为双液体系，该体系属于上述第（3）类。在沸点仪中蒸馏不同组成的混合物，测定其沸点及相应的气、液两相的组成，即可作出 T-x 相图。本实验中两相的成分分析均采用折光率法测定。折光率是物质的一个特征数值，它与物质的浓度及温度有关，因此在测量物质的折光率时要求温度恒定。溶液的浓度不同、组成不同，折光率也不同。因此可先配制一系列已知组成的溶液，在恒定温度下测其折光率，作出折光率-组成工作曲线，便可通过测定未知溶液的折光率大小，在工作曲线上找出未知溶液的组成。

四、仪器和试剂

1. 仪　器

沸点仪　　　　　1 台；

阿贝折射仪　　　1 台；

调压变压器　　　1 个；

超级恒温水浴　　1 个；

温度测定仪　　　1 台；

长短取样管　　　各 1 个。

沸点仪的使用方法：实验所用的沸点仪如图 5-2 所示，它是一个带有回流冷凝管的长颈圆底烧瓶，冷凝管底部有一小凹槽，用以收集冷凝下来的气相样品；支管用于加入溶液和气液平衡时吸取液相样品；电热丝直接浸入溶液中加热，以减少过热爆沸现象。最小分度为 0.1 ℃ 的温度计供测温使用，其水银球一半浸入溶液中，一半暴露在蒸气中。注意温度计与电热丝不要接触，这样就能较为准确地测得气-液两相的平衡温度。

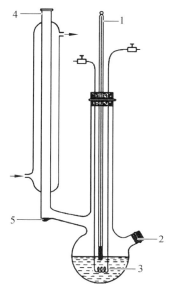

1—温度计；2—橡胶塞；3—电阻丝；4—排气口；5—取样口。

图 5-2　沸点仪

2. 试　剂

环己烷（AR），异丙醇（AR）。

五、实验步骤

1. 配制溶液

分别配制含异丙醇 5%，10%，25%，35%，40%，50%，75%，85%，90%，95%的环己烷-异丙醇溶液。

2. 温度计的校正

将沸点仪洗净烘干后，按图 5-2 装好，检查带有温度计的软木塞（外包锡箔）是否塞紧。用漏斗从支管加入 25 mL 异丙醇于烧瓶中。接通冷凝水和电源，缓缓调节加热电压，至溶液微微沸腾，待温度恒定后，记录温度和室内大气压。然后将加热电压调至零，停止加热。

3. 测定溶液的沸点及平衡时气-液两相的折射率

（1）调节超级恒温槽温度至 20 °C，将阿贝折射仪棱镜组的夹套通入恒温水 10 min 后，用纯水校正阿贝折射仪。

（2）在沸点仪中加入 25 mL 含异丙醇 5%的环己烷-异丙醇溶液，同步骤 2 加热液体，当液体沸腾后，调节加热电压和冷凝水流量，使蒸气在冷凝管中回流的高度一定（约 2 cm）。因为最初收集在小凹槽内的冷凝液不能代表平衡时气相组成，因此需将最初冷凝液倾回烧瓶，反复 2~3 次，待温度保持稳定 5 min 后记下沸点，停止通电，随即用盛有冷水的 250 mL 烧杯套在烧瓶的底部，用以冷却瓶内的液体。用一支干燥洁净的长滴管，自冷凝管口伸入小凹槽，吸取气相冷凝液，迅速测定其折射率；再用一支干燥洁净的短滴管，从支管吸取液相数滴，迅速测定其折射率。迅速测定是为了避免挥发而使试样组成发生变化。每个样品读数三次，取其平均值。

（3）将沸点仪内的溶液倒入回收瓶中，按上述操作步骤分别测定含异丙醇 10%，25%，35%，40%，50%，75%，85%，90%，95%的环己烷-异丙醇溶液的沸点，并测定气相冷凝液和液相的折射率。

实验结束，将沸点仪内的溶液倒入回收瓶中。再次记录室内的大气压力。

六、注意事项

（1）测定折光率时，动作要迅速，以避免样品中易挥发组分损失，确保数据准确。

（2）电热丝一定要被溶液浸没后方可通电加热，否则易烧断电热丝，还可能引起有机物燃烧。同时，加热电压不能太大，加热丝上有小气泡逸出即可。

（3）注意一定要先加溶液，再加热。取样时，应注意切断加热丝电源。

（4）每次取样量不宜过多，取样管一定要干燥，不能留有上次的残液，气相部分的样品要取干净。

（5）阿贝折射仪的棱镜不能用硬物触及（如滴管），擦拭棱镜需用擦镜纸。

七、数据记录和处理

1. 实验数据记录（表 5-1）

表 5-1　测定双液系气-液平衡相图实验数据

室温：＿＿＿＿　　　　大气压：＿＿＿＿　　　　异丙醇沸点：＿＿＿＿　　　　温度计校正值：＿＿＿＿

序号	沸点	气相冷凝液		液相冷凝液	
		n_D	W(异丙醇)/%	n_D	W(异丙醇)/%

2. 温度计的校正

液体的沸点与大气压有关。计算实验时异丙醇在大气压下的沸点，与实验时温度计上读得的沸点相比较，求出温度计本身误差的校正值，并逐一校正不同浓度溶液的沸点。

3. 作环己烷-异丙醇的 n_D-W 工作曲线

根据表 5-2，用坐标纸绘出 n_D^{20} 与异丙醇质量分数的关系曲线，根据实验测定的结果，从图上查出气相冷凝液和液相的组成 W（异丙醇），并填入数据记录表中（表 5-1）。

表 5-2　293 K 时环己烷-异丙醇溶液的浓度与折射率

异丙醇的摩尔分数/%	n_D^{20}	异丙醇的质量分数/%	异丙醇的摩尔分数/%	n_D^{20}	异丙醇的质量分数/%
0	1.4263	0	40.40	1.4077	32.61
10.66	1.4210	7.85	46.04	1.4050	37.85
17.04	1.4181	12.79	50.00	1.4029	41.65
20.00	1.4168	15.54	60.00	1.3983	51.72
28.34	1.4130	22.02	80.00	1.3882	74.05
32.03	1.4113	25.17	100.00	1.3773	
37.14	1.4090	29.67			

4. 绘制环己烷-异丙醇双液系的沸点-组成图

按表 5-1 数据绘出实验大气压下环己烷-异丙醇双液系的沸点-组成图（T-x 图），从图上求出其恒沸温度和恒沸组成（已知：环己烷的正常沸点为 353.4 K）。

八、思考和讨论

（1）沸点仪中收集气相冷凝液的小凹槽的大小对实验结果有何影响？

（2）如何判断气、液两相是否处于平衡？

（3）实验步骤 3（3）中，沸点仪是否需要洗净、烘干？为什么？

（4）试估计哪些因素是本实验误差的主要来源？

6

实验六　二组分固-液体系相图的测绘

一、实验目的

（1）通过实验巩固多相平衡理论相关知识。

（2）掌握用热分析法测绘 Pb-Sn 二组分固-液相图的实验技术。

（3）掌握 SWKY 数字控温仪和 KWL-08 可控升降温电炉的基本原理和使用方法

二、预习要求

（1）了解纯物质的步冷曲线和混合物的步冷曲线的形状有何不同，其相变点的温度应如何确定。

（2）用相律分析步冷曲线出现平台的原因，自由度、相数如何变化。

（3）掌握所用仪器的操作关键。

三、实验原理

用几何图形来表示多相平衡体系中有哪些相、各相的成分。不同相的相对量是多少，以及它们随浓度、温度、压力等变量变化的关系图，叫相图。

有低共熔点的二组分固-液体系相图是学习固-液相图的基础。绘制二组分有低共熔点固-液体系相图的方法很多，其中常用的实验方法是热分析法，其原理是在定压下将样品（纯物质和混合物）加热熔融后，使之逐渐缓慢均匀冷却，每隔一定时间记录一次温度，作温度-时间变化曲线，即步冷曲线[图 6-1（a）]。从步冷曲线上有无转折点就可以知道有无相变，当熔融体系在均匀冷却过程中无相变时，其温度表现为连续均匀下降，得到光滑的直线段；当体系内发生相变时，体系必然伴随有热效应（相变熵），与自然冷却时体系放出的热量相抵偿，冷却曲线就会出现转折或水平线段，转折点所对应的温度，即为该体系的相变温度。利用步冷曲线所得到的一系列组成和所对应的相变温度数据，以横轴表示混合物的组成，纵轴上标出开始出现相变的温度，把这些点连接起来，就可绘出二组分固-液体系相图[图 6-1（b）]。

纯组分的步冷曲线如曲线 A、B 所示，从高温冷却，开始降温很快，直线的斜率决定了体系的散热程度。冷到物质 A 的熔点时，固体 A 开始析出，体系出现两相平衡（溶液和固体 A），此时条件自由度 $f^* = 0$，温度维持不变，步冷曲线出现水平段（平台），直到其中液相全部消失，条件自由度不为零，温度又继续下降，平台对应温度即为纯物质的凝固点（熔点）。

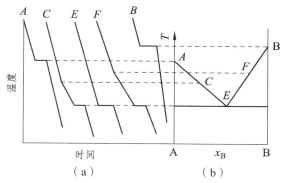

图 6-1　根据步冷曲线绘制相图

混合样品的步冷曲线如图 6-1（a）中曲线 C、F，与纯物质的步冷曲线 A、B 不同。如混合物 C，开始时样品温度下降很快，冷却到一定的温度，开始有固体析出，有凝聚热产生，温度下降减缓，这时体系呈两相，自由度 $f^* = 1$，温度继续下降，固相质量增加，液相的成分不断改变。由于凝固热的不断放出，其温度下降较慢，曲线的斜率较小，步冷曲线出现转折（拐点）。到了低共熔点温度后，第二个固相也开始析出，体系呈现三相平衡，自由度 $f^* = 0$，温度不再下降，步冷曲线出现平台，直到液相完全凝固后，自由度 $f^* = 1$，温度又下降。步冷曲线上的拐点和平台对应温度即为该混合样品两相平衡和三相平衡温度。

混合物 E 为形成低共熔物的样品，其步冷曲线与纯物质的相似，但含义有区别，低共熔物的步冷曲线平台对应温度是三相平衡温度。

用热分析法测绘相图时，被测体系必须时刻处于或接近相平衡状态，因此必须保证冷却速度足够缓慢才能得到较好的效果。此外，在冷却过程中，一个新的固相出现以前，常常发生过冷现象，轻微过冷有利于测量相变温度；但严重过冷现象会使拐点发生起伏，使相变温度的确定变得困难，见图 6-2。遇此情况，可延长 dc 线与 ab 线相交，交点 e 即为拐点。平台前也可能出现过冷现象，如 d 处。

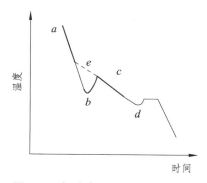

图 6-2　有过冷现象时的步冷曲线

液相完全互溶的二元体系，在凝固时有的能完全互熔为固熔体，有的只能部分互熔，Pb-Sn 体系即属于后一种类型。其完整相图如图 6-3 所示，α 表示在 Pb 中熔入少量的 Sn 形成的固熔体相；β 表示在 Sn 中熔入少量的 Pb 形成的固熔体相（合金）。它们与纯金属的性质是不同的，但测定方法相同。由于实验时间限制，本实验不做 α、β 相的数据测绘，可以绘制出简单的固-液体系相图（利用文献数据也可以作出包含 α、β 相的完整 Pn-Sn 相图）。

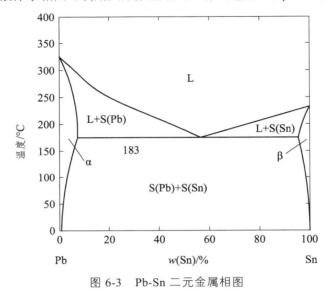

图 6-3 Pb-Sn 二元金属相图

本实验使用 KWL-08 可控升降温电炉控制体系的温度，用 KWL-10 可控升降温电炉预热样品，温度的测定通过铂电阻温度计来进行，用 SWKY 数字控温仪来测定样品的步冷曲线。铂电阻温度计具有重现性好、精确度高的特点。

四、仪器和试剂

1. 仪　器

KWL-08 可控升降温电炉　　　　　1 套；
SWKY 数字控温仪　　　　　　　　1 套；
KWL-10 可控升降温电炉　　　　　1 套（公用）。

2. 试　剂

Sn（AR）；Pb（AR）；硅油（AR）。

五、实验步骤

1. 样品配制

用感量 0.1 g 的台秤分别称取纯 Sn、纯 Pb 各 100 g，另配制含锡 20%、61.9%、80%

的铅锡混合物各 100 g，分别置于专制样品管中，加入适量的硅油覆盖，防止金属氧化。

2. 不同样品步冷曲线的测绘

（1）将公用 KWL-10 可控升降温电炉的两只测温计同时插入加热炉内，按要求设置加热温度，将待测定样品放入炉中预热（注意设置温度不能过高），随时注意观察预热样品温度（实验中一定注意避免烫手和仪器导线）。

（2）按实验装置示意图（图 6-4），将 SWKY 数字控温仪与 KWL-08 可控升降温电炉连接好，接通电源。将电炉置于"外控"状态，然后把样品管和测温计（铂电阻温度计）放在加热炉保护筒内。将"冷风量调节"旋钮反时针旋到底（关闭冷却电源）。

图 6-4　金属相图测量装置

（3）将控温仪的"置数/测量"按钮置于"置数"状态，根据不同样品，设定适当的温度（由于加热存在滞后现象，温度设置不宜太高，一般不能超过 330 ℃）；再将控温仪置于"工作"状态，此时可以看到加热炉电压表不停地摆动（实际是通过"通/断"电来控制加热速率），加热炉开始加热，样品逐渐升温直至熔化。待温度升到低于设定温度 20 ℃ 左右时，将测温计从加热炉保护筒内取出并小心插入玻璃样品中，保持继续加热，温度升到低于设定温度 10 ℃ 时停止加热。

立即将电炉置于内控状态，并将"加热量调节"旋钮逆时针旋到底（注意不能用太大的力），关闭电炉加热电源，利用余热加热样品。

（4）将控温仪"置数/测量"按钮置于"置数"状态，通过"时间"按键▲或▼将测量间隔时间设为 20 s（根据实际情况而定），再将控温仪置于"工作"状态。

（5）当温度升高到所需温度，调节"冷风量调节"旋钮（电压调至 2 ~ 5 V），使冷却速度保持在 1 ~ 5 ℃/min（温度测定过程中最好不要调整冷却风电压，保持冷却速率一致）。

（6）当温度下降后，每间隔 20 s 测定、记录温度一次，一直测定到步冷曲线的平台（连续 3 ~ 5 个相同温度）结束后，继续测定 2 ~ 3 min，结束实验，得到此样品的步冷曲线数据。

（7）从 KWL-10 炉中取出预热好的样品，将样品放入 KWL-08 炉内，按相同方法重复步骤（5）（6），依次测出其他样品的步冷曲线数据（如果样品预热温度不够，可以稍微加热升温，但一定要注意随时观察温度，防止样品温度升得过高）。如果测得的步冷曲线无平台，则要重新进行测定。

3. 结束实验

实验完毕，关闭仪器电源，记录实验室温度、压力，将样品放回原处，整理实验台面，做好清洁，将数据交指导老师检查，老师签字许可后结束实验。

六、注意事项

（1）加热样品时，控温仪一定要置于"外控"状态。注意温度设置要适当，温度过高，样品易氧化变质；温度过低或加热时间不够，则样品不能全部熔化，步冷曲线的拐点、平台不容易测出来。

（2）测定步冷曲线时，先提前将测温计插到样品管中心玻璃管内，控温仪一定要置于"内控"状态，并关闭加热电源；否则，控温仪不能控制温度均匀下降，还会造成实验无法正常进行。

（3）使用热分析法必须保证体系与环境趋于平衡状态，降温速率不能太快。

（4）可控升降温电炉温度设置不得超过 330 ℃，由于存在加热滞后现象，温度过高会损坏仪器。

（5）实验过程中一定注意避免烫伤和烫坏导线。

七、数据记录和处理

（1）将测得的数据列入表 6-1，画出各样品的步冷曲线。

表 6-1　Pb-Sn 合金样品的时间-温度关系

实验室温度：　　　　　　　　　　　　　　　大气压：

时间 t（20 s）	1	2	3	4	5		
温度 T/℃							
时间 t（20 s）							
温度 T/℃							

（2）通过各样品的步冷曲线中拐点、平台确定对应样品的多相平衡温度，列入表 6-2 内。

表 6-2　多相平衡数据

样品名						
相平衡温度 /℃	两相					
	三相					

（3）根据表 6-2 中各样品组成和多相平衡温度数据，以温度为纵坐标、组成为横坐标，绘出 Pb-Sn 合金相图（可以不绘制部分互溶的 α、β 相），标注出相图中各区域的平衡相。

八、思考题

（1）在不同组成的混合样品步冷曲线上，如何解释最低共熔点的水平线段长度为什么不同。

（2）用加热过程的温度-时间曲线是否也可以确定相变温度？

九、讨　论

分析实验成功与失败的原因。

7

实验七　氨基甲酸铵分解反应平衡常数的测定

一、实验目的

（1）用等压法测定氨基甲酸铵的分解压力，并计算此分解反应的平衡常数。

（2）根据不同温度下的平衡常数，计算分解反应的有关热力学常数。

二、预习要求

（1）化学反应标准平衡常数的计算公式是什么？

（2）如何根据标准平衡常数计算一个确定化学反应的 $\Delta_r G_m^\ominus$、$\Delta_r H_m^\ominus$ 和 $\Delta_r S_m^\ominus$？

三、实验原理

在一定的温度下氨基甲酸铵的分解可用下式表示：

$$NH_2COONH_4 \longrightarrow 2NH_3\uparrow + CO_2\uparrow$$

$$K_p = p_{NH_3}^2 \times p_{CO_2} \tag{7-1}$$

设反应中气体为理想气体，则其标准平衡常数可表示为

$$K^\ominus = (p_{NH_3}/p^\ominus)^2 \cdot (p_{CO_2}/p^\ominus) \tag{7-2}$$

式中　p_{NH_3}，p_{CO_2}——反应温度下 NH_3 和 CO_2 的平衡分压；

$p^\ominus$——100 kPa。

设平衡总压为 p，则

$$p_{NH_3} = \frac{2}{3}p，\quad p_{CO_2} = \frac{1}{3}p$$

代入式（7-2），得到

$$K^\ominus = \frac{4}{27}(p/p^\ominus)^3 \tag{7-3}$$

因此，测得一定温度下的平衡总压后，即可按式（7-3）算出此温度下的反应平衡常数 $K^\ominus$。氨基甲酸铵分解是一个热效应很大的吸热反应，温度对平衡常数的影响比较灵敏。但当温度变化范围不大时，按平衡常数与温度的关系式，可得

$$\ln K_p^\ominus = -\frac{\Delta_r H_m^\ominus}{RT} + C \tag{7-4}$$

式中 $\Delta_r H_m^\ominus$——该反应的标准摩尔反应焓；

      R——摩尔气体常数；

      C——积分常数。

根据式（7-4），只要测出几个不同温度下的 $K_p^\ominus$，以 $\ln K_p^\ominus$ 对 $1/T$ 作图，所得直线的斜率即为 $-\Delta_r H_m^\ominus / R$，由此可求得实验温度范围内的 $\Delta_r H_m^\ominus$。

利用如下热力学关系式还可以计算反应的标准摩尔吉布斯函数变化 $\Delta_r G_m^\ominus$ 和标准摩尔熵变 $\Delta_r S_m^\ominus$：

$$\Delta_r G_m^\ominus = -RT \ln K_p^\ominus \tag{7-5}$$

$$\Delta_r S_m^\ominus = \frac{\Delta_r H_m^\ominus - \Delta_r G_m^\ominus}{T} \tag{7-6}$$

本实验用静态法测定氨基甲酸铵的分解压力。实验装置如图 7-1 所示。样品瓶和零压计均装在空气恒温箱中。实验时先将系统抽空（零压计两液面相平），然后关闭活塞，让样品在恒温箱的温度 T 下分解，此时零压计右管上方为样品分解得到的气体，通过活塞 2、3 不断放入适量空气于零压计左管上方，使零压计中的液面始终保持相平。待分解反应达到平衡后，从外接的 U 形泵压力计测出零压计上方的气体压力，即为温度 T 下氨基甲酸铵分解的平衡压力。

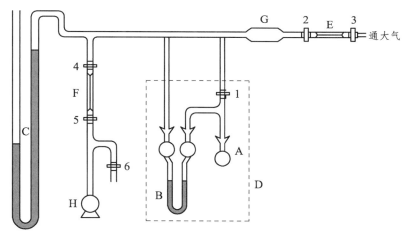

A—样品瓶；B—零压计；C—汞压力计；D—空气恒温箱；
E、F—毛细管；G—缓冲管；H—真空泵；1~6—真空活塞。

图 7-1   等压法测氨基甲酸铵分解压装置

四、仪器和试剂

1. 仪　器

循环水泵   1 台；

低真空数字测压仪　　　1台；
等压计　　　　　　　　1台；
恒温槽　　　　　　　　1套；
样品管　　　　　　　　若干。

2. 试　剂

氨基甲酸铵（固体粉末）。

五、实验步骤

（1）按图 7-1 的装置接好管路，并在样品瓶中装入少量氨基甲酸铵粉末。

（2）打开活塞 1，关闭其余所有活塞。然后开动机械真空泵，再缓慢打开活塞 5 和 4，使系统逐步抽真空。约 5 min 后，关闭活塞 5、4 和 1。

（3）调节空气恒温箱温度为(25.0±0.2) °C。

（4）随着氨基甲酸铵分解，零压计中右管液面降低，左管液面升高，出现了压差。为了消除零压计中的压差，维持零压，先打开活塞 3，随即关闭，再打开活塞 2，此时毛细管 E 中的空气经过缓冲管降压后进入零压计左管上方。再关闭活塞 2，打开活塞 3，如此反复操作，待零压计中液面相平且不随时间变化，则从 U 形泵压力计上测得平衡压差 Δp_t。

（5）将空气恒温箱分别调到 30 °C、35 °C、40 °C、45 °C，同上述实验步骤操作，从 U 形汞压力计测得各温度下系统达平衡后的压差。

（6）读取大气压数据

六、注意事项

（1）不可将活塞 2 和 3 同时打开，以免压差过大而使零压计中的硅油冲入样品瓶。

（2）若空气放入过多，造成零压计左管液面低于右管液面，此时可打开活塞 5，通过真空泵将毛细管抽真空，随后再关闭活塞 5，打开活塞 4。这样可以降低零压计左管上方的压力，直至两边液面相平。

（3）实验结束，必须先打开活塞 6，再关闭真空泵，然后打开活塞 1、2、3，使系统通大气。

七、数据记录和处理

（1）将测得的大气压和 U 形汞压力计的汞高差 Δp_t 进行温度校正，将数据填入表 7-1。求不同温度下系统的平衡总压 p：$p = p_{大气} - \Delta p$。

表 7-1　不同温度下氨基甲酸铵分解的平衡压力测定数据

室温：　　　　　　　　　　　　　　　　　大气压：

$T/^\circ C$	$\dfrac{1}{T}/K^{-1}$	真空度 $\Delta p/\text{kPa}$			分解压 p/kPa	$K_p^\ominus$	$\ln K_p^\ominus$
		第一次	第二次	平均			
25							
30							
35							
40							
45							

（2）计算各分解温度下 $K^\ominus$ 和 $\Delta_r G_m^\ominus$。

（3）以 $\ln K^\ominus$ 对 $1/T$ 作图，由斜率求得 $\Delta_r H_m^\ominus$。

（4）按式（7-6）计算 $\Delta_r S_m^\ominus$。

八、思考题

（1）在一定温度下，氨基甲酸铵的用量多少对分解压力有何影响？

（2）为何要对汞压力计读数进行温度校正？若不进行此项校正，对平衡总压的值会引入多少误差？

（3）装置中毛细管 E 与 F 各起什么作用？为什么在系统抽真空时必须将活塞 1 打开？否则会引起什么后果？

（4）本实验为什么要用零压计？零压计中的液体为什么选用硅油？

（5）由于 NH_2COONH_4 易吸水，故在制备及保存时使用的容器都应保持干燥。若 NH_2COONH_4 吸水，则生成$(NH_4)_2CO_3$ 和 NH_4HCO_3，会给实验结果带来误差。为什么？

九、讨　论

分析实验成功与失败的关键。

8

实验八　凝固点降低法测分子摩尔质量

一、实验目的

（1）测定环己烷的凝固点降低值，计算萘的摩尔质量。

（2）通过实验进一步理解稀溶液理论，掌握溶液凝固点的测定技术。

（3）掌握凝固点降低测定管及数字温差仪的使用方法。

（4）掌握实验数据的处理方法。

二、预习要求

1. 掌握实验原理

（1）什么是凝固点？稀溶液的依数性是什么？

（2）凝固点降低法测分子摩尔质量的适用范围是什么？

（3）为何会产生过冷现象？空气套管的作用是什么？

2. 掌握实验操作的要点

（1）测温仪采零操作的目是什么？在什么情况下进行采零操作？

（2）如何操作才能减少出现较严重的过冷现象？

3. 数据处理

（1）正确作图。

（2）正确计算。

三、实验原理

1. 凝固点降低法测定分子摩尔质量的原理

化合物分子的摩尔质量是一个重要的物理化学参数，用凝固点降低法测定物质分子的摩尔质量是一种简单而又比较准确的方法。含非挥发性溶质的二组分稀溶液（当溶剂与溶质不生成固溶体时）的凝固点低于纯溶剂的凝固点，这是稀溶液的依数性之一。当指定了溶剂的种类和数量后，凝固点降低值取决于所含溶质分子的数目，即溶剂的凝固点降低值与溶质分子的质量摩尔浓度成正比，方程式表示为：

$$\Delta T_f = T_0 - T = K_f m_B \qquad (8\text{-}1)$$

式中 T_0——溶剂的凝固点；

  T——溶液的凝固点；

  K_f——凝固点降低常数（几种常见溶剂的 K_f 值见表 8-1），其大小与溶剂、温度、气压等有关；

  m_B——溶质分子的质量摩尔浓度，可表示为：

$$m_B = \frac{W_B / M}{W_A} \times 1000 \quad (\text{mol/kg})$$

这就是稀溶液的凝固点降低公式。

表 8-1 几种溶剂的凝固点降低常数

溶剂	水	醋酸	苯	环己烷	环己醇	萘	三溴甲烷
T_0 / K	273.15	289.75	278.65	279.65	297.05	383.5	280.95
$K_f / K \cdot kg \cdot mol^{-1}$	1.86	3.90	5.12	20.0	39.3	6.9	14.4

故式（8-1）可改成：

$$M_B = K_f \frac{1000 W_B}{\Delta T_f \cdot W_A} \quad (\text{g/mol}) \qquad (8\text{-}2)$$

式中 M_B——溶质的摩尔质量，g/mol；

  W_B、W_A——溶质和溶剂的质量，g。

如已知溶剂的 K_f 值，则可通过实验求出 ΔT 值，利用公式（8-2）求出溶质的摩尔质量。

因此，只要称得一定质量的溶质（W_B）和溶剂（W_A）配成稀溶液，分别测纯溶剂和稀溶液的凝固点，求得凝固点的降低值 ΔT_f，再查得溶剂的凝固点降低常数 K_f，代入式（8-2）即可求得溶质的摩尔质量。

如溶质在溶液中发生解离或缔合等情况，则不能简单地应用公式（8-2）计算，要对溶液浓度进行相应的修正。浓度增大到一定程度，已不是稀溶液，会使测得的摩尔质量随浓度的不同而变化。为了获得比较准确的摩尔质量数据，常用外推法，即以式（8-2）中所求得的分子摩尔质量为纵坐标、溶液浓度为横坐标作图，外推至浓度为零而求得较准确的分子摩尔质量数值。所以，实验成功与否归结为溶剂和溶液的凝固点 T_0、T 的准确测量。

2. 凝固点的测定原理

凝固点是指在一定压力（标压）下，固液两相平衡共存的温度。实际上，只有当溶剂的固相充分分散到液相中，也就是固液两相的接触面足够大时才能达到平衡。所以实验中要将测定管安装在玻璃套管中，再放置在冰水浴内不断搅拌，保证溶液冷却降温速率均匀和足够缓慢，逐渐达到多相平衡。

纯溶剂的凝固点是它的液相和固相共存时的平衡温度，根据 Gibbs 相律，纯溶剂的凝固点 T_0 是步冷曲线的水平线段部分（平台）对应的温度。若将纯溶剂缓慢冷却，理论上得到它的步冷曲线如图 8-1 中 a。但实际过程中液体降温到凝固点后，由于固相是逐渐析出的，凝固热放出速率小于冷却速率，温度往往还可能继续下降（出现过冷现象），随着温度缓慢下降的同时固相析出逐渐增多，放出的凝固热也增加，液体的温度会慢慢回升，直到凝固点，保持温度恒定，到液体全部凝固完温度才会明显下降（图 8-1 中 b）。

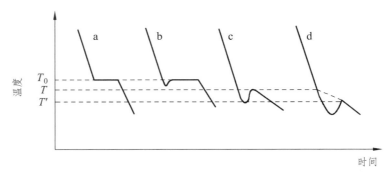

图 8-1　步冷曲线

根据 Gibbs 相律，稀溶液的凝固点 T 是冷却曲线的转折点（拐点）所指的温度，与纯溶剂的冷却曲线不同，如图 8-1 中 c，即当析出溶剂固相时，体系的自由度不为零，温度还会下降，随着溶剂固相的不断析出和凝固热放出的逐渐增加，体系温度回升到一定程度后，又会逐渐下降。如果溶液的过冷程度不大，可以将温度回升的最高值作为溶液的凝固点。

3. 测量过程中过冷对实验结果的影响

在凝固点的测量过程中，析出的溶剂固体越少越好，以减少溶液浓度的变化，才能准确测定溶液的凝固点。若过冷太严重，溶剂凝固太多，溶液的浓度变化太大，就会出现图 8-1 中 d 曲线的形状，使测量值偏低至 T'，影响测定结果。因此实验操作中必须注意控制体系的过冷程度不能太严重，一般可以通过加速搅拌、控制过冷温度、加入晶种等措施控制；同时也需要按照图 8-1 中 d 所示的方法对其凝固点进行校正（即将步冷曲线的后期线段反向延长至与前期线段相交，交点对应温度即为溶液的凝固点 T）。

四、仪器和试剂

1. 仪　器

SWC-LG 凝固点下降测定仪　　　　1 套；
SWC-ⅡD 精密数字温度温差仪　　　1 台；

温度计（0～50 ℃）	1 支；
烧杯（1 000 mL）	1 个；
搅拌棒	2 根；
移液管（20 mL）	1 支；
洗耳球	1 个。

2. 试 剂

环己烷（AR）、萘（AR）。

五、实验步骤

1. 安装实验装置

仪器按图 8-2 安装好。取自来水注入冰浴槽中（水量以注至浴槽体积 2/3 为宜），然后加入碎冰块适量，使冰水浴的温度在 0 ℃ 左右。

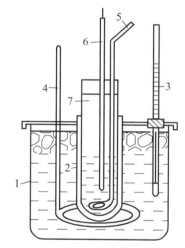

1—金属桶；2—玻璃套管；3—普通温度计；4、5—搅拌器；
6—热敏温度计；7—测定管。

图 8-2　凝固点测定装置

2. SWC-ⅡD 精密数字温度温差仪的使用

（1）预热仪器。

开启 SWC-ⅡD 精密数字温度温差仪的电源开关，预热 5 min 后将温度传感器小心放入玻璃套管中，此时温度显示为冰水浴的温度（实际温度，精度±0.01 ℃），温差显示为冰水浴与基温 20 ℃ 的温度差（精度±0.001 ℃）。

（2）设置温差零点——采零。

当测温仪显示温度降到 2～3 ℃ 后，及时按"采零"键，温差显示窗口显示"0.000"，再按下"锁定"键（锁定指示灯亮），稍后显示的温差值即为温差的相对变化量（测定的凝固点也是相对值）。

测温仪锁定后就不能再对温差采零，如果需要采零，必须关闭仪器后重新启动电源，再按上述方法进行操作。

（3）测量与读数。

按一下"测量/保持"键（"测量"指示灯亮），仪器处于"测量"状态，进行实时测量。要记录读数时可再按一下"测量/保持"键，使仪器处于"保持"状态（此时，"保持"指示灯亮），读数完毕，再转换到"测量"状态。

（4）定时读数设定。

按下"▲""▼"键，设定温差测定间隔时间（应大于 5 s，读数定时才会起作用）。设定完后，定时显示将进行倒计时直至 0 s，完成一个计数周期，此时蜂鸣器鸣叫且保持约 2 s，"保持"指示灯亮，此时可观察和记录数据。如果不需要计时蜂鸣，只需将定时设置小于 5 s 即可。

将 SWC-ⅡD 精密数字温度温差仪的温度传感器从玻璃套管中取出，并用蒸馏水淌洗、滤纸吸干，待用。

注意：实验结束前千万不能关闭 SWC-ⅡD 精密数字温度温差仪的电源，也不能改变测温仪的零点。

3. 溶剂环己烷凝固点的测定

（1）溶剂凝固点的测定。用移液管取 25.0 mL 溶剂（环己烷）注入凝固点测定管中，将搅拌器套至温度传感器上，一同插入测定管中，把测定管直接插入冰水浴中，观察测温仪，待温差降到 8~10 ℃，马上将凝固点测定管从冰水浴取出，抹干水后插到玻璃空气套管中缓慢搅拌（1 次/s 为宜，应注意避免搅拌器与测定管壁或传感器摩擦）。当温差降低到大约 6 ℃时，每 20 s 测定、记录一次温差数值（3 位有效数字）（当存在过冷现象时，可以加速搅拌，每秒 1~2 次，待温度回升后，再恢复正常搅拌速度），一直测定到凝固点（平台）结束后再记录 3~5min 温差。

（2）检查数据合格后，取出测定管，用手握住测定管使析出的环己烷结晶全部熔化，如果温度升高太多，再次将测定管插入冰水浴中直接冷却一下，按上述（1）方法平行测定第二次（平行测定 2~3 次）。

4. 溶液凝固点的测定

取出测定管，用手握住加热使析出的环己烷结晶全部熔化，小心用分析天平准确称取萘粉 0.08~0.10 g，由测定管的加样口投入测定管内的溶剂中（防止粘在管壁、温度计或搅拌器上）。小心用搅拌器搅拌，待萘粉全部溶解后，按上述步骤 3 测定溶液的冷却曲线数据（测定到其温差低于纯溶剂测定结束值 1.5 ℃ 止）。用相同方法重复测定第二次（平行测定 2~3 次）。

5. 结束实验

经老师检查数据合格，记录实验室温度、压力，将溶液转入回收瓶中，洗干净测定管等，整理实验台，做好清洁，经老师签字许可后结束实验。

六、注意事项

（1）冰水浴温度在 0 °C 左右为宜。

（2）实验结束前千万不能关闭 SWC-ⅡD 精密数字温度温差仪的电源，也不能改变它的零点，测定数据时始终每 20 s 记录一次测定仪的温差值。

（3）测定凝固点温度时，注意防止过冷太严重。

（4）实验操作中搅拌要均匀，防止搅拌器与测定管壁或感温元件摩擦，避免影响实验测定的准确性。

七、数据记录和处理

（1）将实验数据整理填入表 8-2 中。

表 8-2　凝固点降低法测定萘的摩尔质量实验数据

室温：_____　　　　气压：_____　　　　萘的质量 W_B：_____g

时间 t（20 s）			1	2	3	4	5	
温差 T/°C	纯溶剂	第一次						
		第二次						
	溶液	第一次						
		第二次						

（2）作图并确定凝固点及变化值。

由表 8-2 数据，分别作出溶剂、溶液的步冷曲线（参见图 8-1），确定溶剂、溶液的相对凝固点 T_0、T，求其平均值，计算出凝固点降低值 ΔT_f。

（3）计算萘的摩尔质量。

根据 $\rho_t = 0.7971 - 8.879 \times 10^{-4} t$ 计算室温 t °C 时环己烷的密度，再由溶剂的体积计算溶剂质量 W_A。将 ΔT_f、溶质萘的质量 W_B 代入公式（8-2）计算出萘的摩尔质量 M_B，填入表 8-3 中。

（4）实验结果误差计算分析。

将实验结果与文献值比较，计算并分析误差产生的主要原因。

表 8-3　凝固点降低法测定萘的摩尔质量结果

物质	质量/g	凝固点/°C		凝固点下降/°C	溶质摩尔质量/g·mol^{-1}
溶剂(环己烷)			平均值：	$\Delta T_f = T_0 - T$	$M_B = K_f \dfrac{1000W_A}{\Delta T_f \cdot W_B}$
溶质（萘）			平均值：		

八、思考题

（1）为什么会产生过冷现象？如何控制过冷程度？出现了较大的过冷现象怎么办？

（2）当溶质在溶液中发生解离或缔合等情况时，对分子摩尔质量的测定值有何影响，如何处理才能得到可靠的结果？

（3）影响凝固点测定精确度的因素有哪些？

（4）为什么实验测出的是相对凝固点？对最后实验结果有无影响？为什么？如果要测定真实凝固点，该如何改进实验。

9

实验九　蔗糖水解反应速率常数的测定

一、实验目的

（1）根据物质的光学性质研究蔗糖水解反应，测定其速率常数。

（2）了解旋光仪的基本原理，掌握其使用方法。

二、预习要求

1. 掌握实验原理

（1）蔗糖水解反应定义为一级反应的原因。

（2）旋光度、比旋光度的定义。

（3）由反应过程旋光度的变化求蔗糖水解反应速率常数的原理。

（4）旋光仪的工作原理。

2. 掌握实验操作的要点

（1）旋光仪的使用及数据读取方法。

（2）影响测定结果的条件及控制方法。

3. 掌握数据处理方法

（1）熟练掌握作图法求蔗糖水解反应速率常数 K 的方法。

（2）掌握求 α_0 及反应半衰期的方法。

三、实验原理

蔗糖在水中转化成葡萄糖与果糖，其反应为：

$$C_{12}H_{22}O_{11} + H_2O \xrightarrow{H^+} C_6H_{12}O_6 + C_6H_{12}O_6$$
$$\text{蔗糖} \qquad\qquad\qquad \text{葡萄糖} \quad \text{果糖}$$

该反应属于二级反应，在纯水中此反应的速率极慢，通常需要在 H^+ 催化下进行。由于反应时水大量存在，而只有极少水分子参与了反应，故可近似地认为整个反应过程中水的浓度是恒定的，而催化剂 H^+ 的浓度也保持不变。因此，蔗糖水解反应可看作准一级反应。

一级反应的速率方程可由下式表示：

$$-\frac{dc}{dt} = kc$$

式中　c——时间 t 时反应物的浓度；

　　　k——反应速率常数。

积分可得：

$$\ln c = -kt + \ln c_0$$

式中　C_0——反应开始时反应物的浓度。

一级反应的半衰期为：

$$t_{1/2} = \frac{\ln 2}{k} = \frac{0.693}{k}$$

从上式我们不难看出，在不同时间测定反应物的浓度，可以求出反应速率常数 k。然而反应是在不断进行的，要快速分析出反应物的浓度比较困难。但是，蔗糖及其转化产物都具有旋光性，而且它们的旋光能力不同，故可以利用体系在反应进程中旋光度的变化来度量反应进程。

溶液的旋光度与溶液中所含旋光物质的旋光能力、溶剂性质、溶液浓度、样品管长度及温度等均有关系，当其他条件均固定时，旋光度 α 与反应物浓度 c 呈线性关系，即

$$\alpha = kc$$

物质的旋光能力用比旋光度来度量，比旋光度用下式表示：

$$[\alpha]_D^{20} = \frac{\alpha \cdot 100}{l \cdot c_A}$$

式中　20——实验时温度为 20 ℃；

　　　D——钠灯光源 D 线的波长（即 589 nm）；

　　　α——测得的旋光度；

　　　l——样品管长度，dm；

　　　c_A——浓度，g/100 mL。

作为反应物的蔗糖是右旋性物质，其比旋光度 $[\alpha]_D^{20} = 66.66$；生成物中葡萄糖也是右旋性物质，其比旋光度 $[\alpha]_D^{20} = 55.5$，但果糖是左旋性物质，其比旋光度 $[\alpha]_D^{20} = -91.9$。由于果糖的左旋性比葡萄糖的右旋性大，所以生成物呈左旋性质，随着反应的进行，体系的右旋角不断减小，反应至某一瞬间，体系的旋光度恰好等于零，而后就变成左旋，直至蔗糖完全转化，这时左旋角达到最大值 α_∞。

设最初系统的旋光度为 $\alpha_0 = k_{反} c_{A0}$（$t=0$，蔗糖尚未水解）

最终系统的旋光度为 $\alpha_\infty = k_{生} c_{A0}$（$t=\infty$，蔗糖已完全水解）

当时间为 t 时，蔗糖浓度为 c_A，此时旋光度为 α_t，有

$$a_t = k_{反}c_A + k_{生}(c_{A0} - c_A)$$

可得

$$c_{A0} = \frac{\alpha_0 - \alpha_\infty}{k_{反} - k_{生}} = k(\alpha_0 - \alpha_\infty) \ , \quad c_A = \frac{\alpha_t - \alpha_\infty}{k_{反} - k_{生}} = k(\alpha_t - \alpha_\infty)$$

代入速率方程即得

$$\ln(\alpha_t - \alpha_\infty) = -kt + \ln(\alpha_0 - \alpha_\infty)$$

以 $\ln(\alpha_0 - \alpha_\infty)$ 对 t 作图可得一直线,从直线的斜率可求得反应速率常数 k 和 $t_{1/2}$。

如果测出不同温度时的速率常数 k 值,利用 Arrhenius 公式可求出反应在该温度范围内的活化能 E_a。

$$\frac{\mathrm{d}\ln k}{\mathrm{d}T} = \frac{E_a}{RT^2}$$

本实验测定盐酸浓度为 3 mol/L 时,室温下蔗糖水解反应的速率常数。

四、仪器和试剂

1. 仪　器

圆盘旋光仪(图 9-1)及其附件	1 套;
上皿天平	1 台;
停表	1 只;
容量瓶(100mL)	1 个;
锥形瓶(100mL)	2 个;
移液管(25mL)	2 支;
烧杯(100mL、500mL)	各 1 个;
洗瓶	1 个;
洗耳球	1 个。

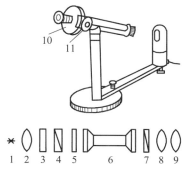

1—钠灯光;2—透镜;3—滤光片;4—起偏镜;5—石英片;6—旋光管;7—检偏镜;

8、9—望远镜透镜;10—刻度圆盘;11—转动手轮。

图 9-1　旋光仪的外形及纵断面示意图

2. 试　剂

蔗糖（AR），盐酸 3（mol/L）。

五、实验步骤

1. 旋光仪零点的校正

洗净旋光管各部分零件，将旋光管一端的盖子旋紧，向管内注入纯水（为什么），取玻璃盖片沿管口轻轻推入盖好，再旋紧套盖，勿使其漏水或有气泡产生。操作时不要用力过猛，以免压碎玻璃片。用小毛巾擦净旋光管身，用擦镜纸或干布擦净旋光管两端玻璃片，将旋光管放入旋光仪中，盖上槽盖及黑布，打开旋光仪电源开关，调节目镜使视野清晰，然后旋转检偏镜，至在视野中能观察到明暗相等的两分视野为止（注意：应在暗视野下进行测定），记下刻度盘读数。重复调节旋光仪，反复测定 3 次读数，取其平均值，即为旋光仪的零点。测后取出旋光管，倒掉纯水。

2. 蔗糖水解过程中 α_t 的测定（室温）

用上皿天平称取 20 g 蔗糖，溶于纯水中，用 100 mL 容量瓶配制成溶液，如溶液浑浊需进行过滤。用移液管移取 25 mL 蔗糖溶液于 100 mL 干燥（为什么？）的锥形瓶中，再取 25 mL 3 mol/L 的 HCl 溶液加入锥形瓶中混合，并在 HCl 溶液加入一半时启动停表作为反应的开始时间 t_1（s）。迅速振荡并取少量混合液清洗旋光管 2 次，然后以此混合液注满旋光管，盖好玻璃片，旋紧套盖（检查是否漏液或有气泡），用小毛巾擦净旋光管身，用擦镜纸或干布擦净旋光管两端玻璃片，立刻置于旋光仪中，盖上槽盖及黑布。测定各时间 t_i 时溶液的旋光度 α_t，测定时要迅速准确（为什么？）。当将两分视野明暗度调节至完全相同后，先及时记下时间，再读取旋光度数值。测定第一个旋光度数值之后每 2 min 测 1 次，共测 10；然后每 5 min 测 1 次，共测 5 次；再然后每 15 min 测 1 次，共测 2～3 次。并且观察过程中旋光度数值的变化情况。

3. α_∞ 的测定

为了得到反应终了时的旋光度 α_∞，用移液管移取 25 mL 蔗糖溶液于 100 mL 干燥的锥形瓶中，再取 25 mL 3 mol/L 的 HCl 溶液加入锥形瓶中混合，将混合液置于 50 °C 左右的水浴中，加速水解反应 50 min（此项操作应在 α_t 测定之前进行），然后冷却至实验温度。按上述操作测其旋光度，重复调节旋光仪测定 3 次，取平均值（不换溶液），此平均值即可认为是 α_∞。

需要注意，间隔 5 min 测定时，每次测量后应将旋光管置于室温下反应，待下次测定前 1 min 放于旋光仪中进行测定；间隔 15 min 测定时，还应将钠光灯熄灭，以免温度过高影响测定的准确性，同时可避免钠光灯因长期过热使用而损坏，但下一次测量之前提前 2 min 打开钠光灯，使光源稳定。

4. 结束实验

测定完毕后，倒掉溶液，立刻清洗旋光管并擦干，防止酸对旋光管造成腐蚀；同时清洗所有玻璃仪器及小毛巾；将全部仪器设备归零、整理。打扫卫生，完成实验。

六、注意事项

（1）蔗糖在配制前，需先经 380 K 烘干。

（2）在进行蔗糖水解速率常数测定以前，要熟练掌握旋光仪的使用，能正确而迅速地读出其读数。

（3）旋光管管盖只要旋至不漏水即可，过紧会造成损坏，或因玻璃受力产生应力而有一定的假旋光。

（4）旋光仪中的钠光灯不宜长时间开启，测量间隔较长时，应熄灭，以免损坏。

（5）反应速率与温度有关，故溶液需保持一定温度。

（6）实验结束后，应将旋光管洗净干燥，防止酸对旋光管的腐蚀。

七、数据记录和处理

（1）将原始数据及计算结果填入表 9-1，写出计算过程（重复的计算方法可省略）。

表 9-1 蔗糖水解反应过程实验数据

室温：_____ ℃，　　　　　　大气压：_____ kPa

实验温度：_____ ℃，　　　　盐酸浓度_____mol/L，　　　零点_____

反应时间/min	α_t	$\alpha_t - \alpha_\infty$	$\lg(\alpha_t - \alpha_\infty)$	k
α_∞		零点		

（2）以 $\lg(\alpha_t - \alpha_\infty)$ 对 t 作图，由所得直线的斜率求 k 值。

（3）由截距求得 α_0。

（4）计算蔗糖水解反应的半衰期。

八、思考题

（1）蔗糖的水解反应速率常数 k 和哪些因素有关?

（2）在测蔗糖水解反应速率常数时，选用长的旋光管好还是短的旋光管好?

九、讨　论

分析实验成功与失败的原因。

附 件

附1 文献参考值（表9-2）

表9-2 温度与盐液浓度对蔗糖水解速率常数的影响

$c(HCl)/mol \cdot L^{-1}$	$k/10^{-3}min^{-1}$		
	298.2 K	308.2 K	318.2 K
0.0502	0.4169	1.738	6.213
0.2512	2.255	9.355	35.85
0.4137	4.043	17.00	60.62
0.9000	11.16	46.76	148.8
1.214	17.455	75.97	
$E=108 kJ \cdot mol^{-1}$			

附2 旋光仪的构造原理及使用方法

旋光仪是研究溶液旋光性的仪器，用来测定平面偏振光通过具有旋光性物质后的旋光度大小和方向，从而定量测定旋光物质的浓度，确定某些有机物分子的立体结构。

1. 构造原理

一般光源发出的光，其光波在与光传播方向垂直的一切可能方向上振动，这种光称为自然光，或称为非偏振光；而只在一个固定方向有振动的光称为偏振光。

当一束自然光投射到各向异性的晶体（如方解石，即 $CaCO_3$ 晶体）中时，产生双折射。折射光线只在与传播方向垂直的一个可能方向上振动，因此可分解为两束互相垂直的平面偏振光，从而获得单一的平面偏振光。

旋光仪的主要部件尼科耳棱镜就是根据这一原理设计的。尼科耳棱镜由两个方解石直角棱镜组成，如图9-2所示。棱镜两锐角为68°和22°；两棱镜直角边用加拿大树胶黏合起来（图中 AD ）。当自然光 S 以一定的入射角投射到棱镜上时，双折射产生的 O 光线在第一块直角棱镜与树胶交界面上全反射，被棱镜框上涂黑的表面所吸收。双折射产生的 e 光线则透过树胶层及第二个棱镜而射出。从而在尼科耳棱镜的出射方向上获得了一束单一的平面偏振光。这个尼科耳棱镜称为起偏镜，它被用来发生偏振光。

目前多数应用某些晶体的二色性来制成偏振光。它是在一个薄片的表面上涂一薄层（约0.1 mm）二色性很强的物质的细微晶体（如硫化碘-金鸡纳霜或硫酸金鸡纳碱等），能够吸收全部寻常光线，从而得到偏振光。

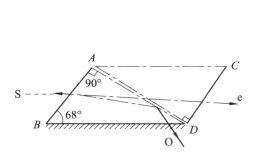

图 9-2 尼科耳棱镜

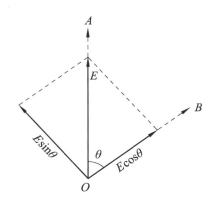

图 9-3 尼科耳棱镜检偏原理

偏振光振动平面在空间轴向角度位置的测量也是借助一块尼科耳棱镜，这里称为检偏镜。它是将偏振片固定在两保护玻璃之间，并随刻度盘同轴转动。当一束光经过起偏镜后，光沿 OA 方向振动，如图 9-3 所示，也就是可以允许在这一方向上振动的光通过此平面。OB 为检偏镜的透射面，只允许在这一方向上振动的光通过。两透射面的夹角为 θ。振幅为 E 的 OA 方向的面偏振光可以分解为振幅分量分别为 $E\cos\theta$ 和 $E\sin\theta$ 的两互相垂直的平面偏振光，并且只有 $E\cos\theta$ 分量（与 OB 相重合）可以透过检偏镜；而 $E\sin\theta$ 分量不能透过。当 $\theta=0°$ 时，$E\cos\theta=E$，此时透过检偏镜的光最强；当 $\theta=90°$ 时，$E\cos\theta=0$，此时没有光透过检偏镜，光最弱。如以 I 表示透过检偏镜的光强；I_0 表示透过起偏镜入射的光强，当 θ 在 0°~90°变化时，有以下关系：

$$I = I_0 \cos^2\theta$$

旋光仪就是通过测定透过光的强弱来测定其旋光度。在起偏镜与检偏镜之间放置被测物质时，由于被测物质的旋光作用，原来由起偏镜出来的偏振光转过一个角度，因而检偏镜只有也相应转过一个角度，才能使透过的光强与原来相同。

由于实际观测时肉眼对视野场明暗程度的感觉不灵敏，为了精确地确定旋转角，常采取比较的办法，即两分视场（也有三分视场）的方法。在起偏片后的中部装一狭长的石英片，其宽度约为视野的 1/2。由于石英片具有旋光性，从石英片中透过的那一部分偏振光被旋转了一个角度 φ，因为 $\angle AOB=90°$，$\angle COB\neq90°$，所以在望远镜中透过石英片的那部分稍暗，是黑暗的，即出现两分视场，如图 9-4（a）所示。当 $\angle POB=90°$时，因 $\cos^2(\angle AOB)=\cos^2(\angle COB)$，视野中两个区内的明暗相等，此时三分视场消失，视场均黑，如图 9-4（c）所示。当 $\angle POB=180°$时，整个视场均匀明亮，如图 9-4（d）所示。人的视觉在暗视野下对明暗均匀与不均匀比较敏感。我们在实验中采用图 9-4（c）的视野（暗视野），而不采用图 9-4（d）视野（亮视野），因这时视场显得特别明亮，不易辨别两个视场的消失。

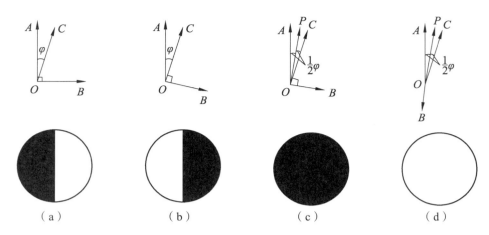

图 9-4　旋光仪的视场

2. 使用方法

首先打开钠光灯，待 2～3 min 光源稳定后，从望远镜目镜看视野，如不清楚可调节望远镜焦距。在样品管中充满纯水（无气泡），调节检偏片的角度使两分视场消失，如图 9-4（c）所示，将此时检偏片的角度记作旋光仪零点。

零点确定后，将试样装入样品管中，放入旋光仪样品管的槽中。由于样品的旋光作用，旋转传动轮（检偏片）旋钮，当转过一角度 α 后，两分视场再次消失，此时刻度盘上的角度即为被测样品的旋光度（仪器零点校正后的值）。

10

实验十　乙酸乙酯皂化反应速率常数及活化能的测定

一、实验目的

（1）掌握测定反应速度常数 k 的一种方法——电导法的实验原理；

（2）巩固二级反应的特点，学会用图解法求二级反应的速率常数 k；

（3）掌握本实验计算反应速率常数 k 和活化能 E_a 的数据处理方法；

（4）掌握 ZHFY-III_C 乙酸乙酯皂化反应测定仪的使用方法。

二、预习要求

1. 掌握实验原理

（1）皂化反应是几级反应？

（2）反应物溶液浓度的变化与电导率变化的关系是什么？

（3）电导率仪的工作原理是什么？

2. 掌握实验操作的要点

（1）恒温槽的温度调节要准确。

（2）两溶液反应前不能混合。

（3）两反应物混合时要快速、均匀。

3. 数据处理

（1）怎样由图求得反应速率常数 k？

（2）怎样由反应速率常数 k 求反应活化能 E_a？

三、实验原理

1. 二级反应速率常数和活化能测定原理

对于等容下的二级反应：A+B ——→ 产物，当 A、B 两物质起始浓度相同（设为 a）时，其数学处理最简单，反应速率的表示式为

$$\frac{dx}{dt} = k(a-x)^2 \tag{10-1}$$

式中　x——时间 t 时反应物消耗的物质的量，mol。

式（10-1）定积分得

$$k = \frac{1}{t} \cdot \frac{x}{a(a-x)} \tag{10-2}$$

或改写为：

$$\frac{1}{a-x} = kt + \frac{1}{a} \tag{10-3}$$

以 $\frac{1}{a-x}$-t 作图，若所得为直线，则可以从直线的斜率求出速率常数 k。所以原则上在反应进行过程中，只要能够测出不同时刻反应物或产物的浓度，就可通过作 $\frac{1}{a-x}$-t 图，从直线斜率求得该反应的速率常数 k。

如果测定出不同温度下的速率常数 $k(T_1)$ 和 $k(T_2)$，由 Arrhenius 方程定积分式可以计算出该反应的活化能 E_a

$$E_a = \ln \frac{k(T_2)}{k(T_1)} \times R(\frac{T_1 T_2}{T_2 - T_1}) \tag{10-4}$$

2. 乙酸乙酯皂化反应速率常数测定原理

乙酸乙酯皂化反应是典型的二级反应，其反应式可以表示为：

$$CH_3COOC_2H_5 + Na^+ + OH^- \longrightarrow CH_3COO^- + Na^+ + C_2H_5OH$$

反应体系中弱电解质 $CH_3COOC_2H_5$、C_2H_5OH 的电导率极小，可以忽略不考虑，OH^-、Na^+ 的电导率较大，CH_3COO^- 电导率较小。反应过程中，Na^+ 浓度基本保持不变，电导率大的 OH^- 浓度逐渐减小，电导率小的 CH_3COO^- 浓度逐渐增大，所以随着反应的进行，溶液的电导率随时间显著降低，溶液电导率的下降主要是由 OH^-、CH_3COO^- 的浓度变化引起。对强电解质稀溶液，电导率 κ 与其浓度成正比，溶液的总电导率等于组成该溶液的电解质的电导率之和。乙酸乙酯皂化各离子在稀溶液下反应存在如下关系：

$$\kappa_0 = A_1 a \tag{10-5}$$

$$\kappa_\infty = A_2 a \tag{10-6}$$

$$\kappa_t = A_1(a-x) + A_2 x \tag{10-7}$$

式中　A_1，A_2——与温度、电解质性质、溶剂等因素有关的比例常数；

　　　κ_0，κ_∞——反应开始和结束时溶液的电导率；

　　　κ_t——时间 t 时溶液的电导率。

由式（10-5）至式（10-7）可得

$$x = \left(\frac{\kappa_0 - \kappa_t}{\kappa_0 - \kappa_\infty} \right) \cdot a$$

代入式（10-2）得

$$k = \frac{1}{t \cdot a} \left(\frac{\kappa_0 - \kappa_t}{\kappa_t - \kappa_\infty} \right) \qquad (10\text{-}8)$$

重新排列即得

$$\kappa_t = \frac{1}{ak} \frac{\kappa_0 - \kappa_t}{t} + \kappa_\infty \qquad (10\text{-}9)$$

因此，以 κ_t-$\frac{\kappa_0 - \kappa_t}{t}$ 作图为一直线，由直线的斜率和反应初始浓度 a 可求出反应的速率常数 k。由两个不同温度下测得的速率常数 $k(T_1)$、$k(T_2)$，就可以由 Arrhenius 方程求出该反应的活化能 E_a。

四、仪器和试剂

1. 仪　器

ZHFY-III$_C$ 乙酸乙酯皂化反应测定仪（图 10-1、图 10-2）

（附 DIS-型铂黑电导电极）	1 套；
移液管（20 mL）	3 支；
洗耳球	1 个。

2. 试　剂

0.020 mol/L NaOH 溶液，0.020 mol/L 乙酸乙酯溶液，蒸馏水。

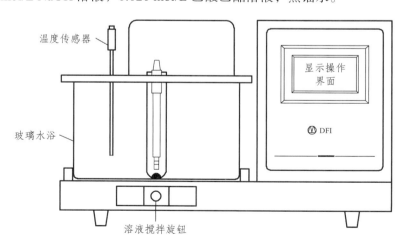

图 10-1　ZHFY-III$_C$ 乙酸乙酯皂化反应测定仪示意图

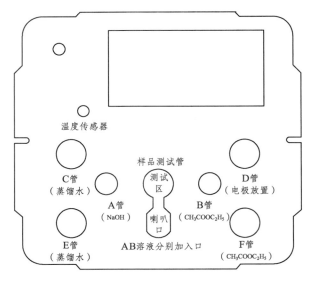

图 10-2　玻璃管分布示意图

其中，A、B 管为样品预热管，分别装入 NaOH 和乙酸乙酯溶液各 20mL；C 管为 k_0 测定管；D 管装入蒸馏水，浸泡电导电极；E、F 为备用。

五、实验步骤

1. 仪器准备

将电极和温度传感器插头插入相应插座（插头、插座上的定位销对准后，按下插头顶部即可）。接通仪器电源，触摸屏显示如图 10-3：

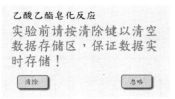

图 10-3　乙酸乙酯皂化反应开始实验界面

实验前请按"清除"键以清空上次实验数据存储区，保证数据实时存储。如果不清除请按"忽略"键，存储区仍保存上次实验数据。按"清除"键后进入下一界面，触摸屏显示如图 10-4：

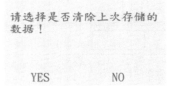

图 10-4　按"清除"键后显示界面

点击“YES”显示如图 10-5：

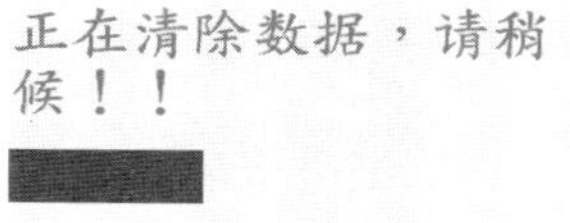
正在清除数据，请稍
候！！

图 10-5　清除数据

蓝色进度条开始运行，等蓝色进度条运行结束，显示如图 10-6：

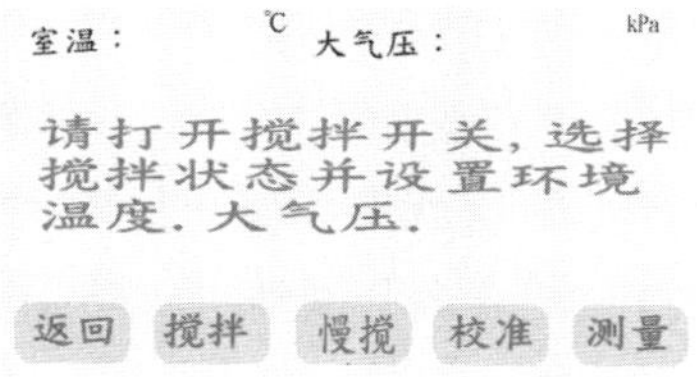
室温：
℃
大气压：
kPa
请打开搅拌开关，选择
搅拌状态并设置环境
温度．大气压．
返回
搅拌
慢搅
校准
测量

图 10-6　开始实验前

点击触摸屏“室温”和“大气压”，输入实验时的环境条件。并点击“搅拌”“慢搅”，测试恒温槽搅拌器工作是否正常。此仪器一般不需要校准。

2. 调节恒温槽的温度至指定温度 T_1（如 25.0 °C），并将测试溶液恒温

在图 10-6 界面点击“测量”，屏幕显示界面如图 10-7：

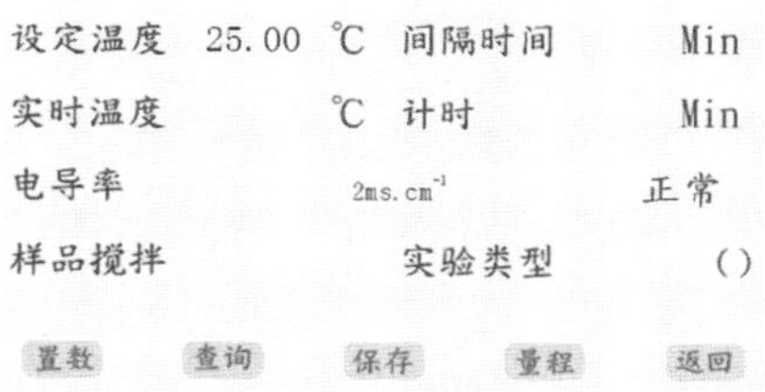
设定温度
25.00
℃
间隔时间
Min
实时温度
℃
计时
Min
电导率
2ms.cm-1
正常
样品搅拌
实验类型
()
置数
查询
保存
量程
返回

图 10-7　“测量”界面

在此界面先点击“置数”，再点“设定温度”空白处，显示如图 10-8 对话框：

1
2
3
−
4
5
6
ESC
7
8
9
OK
·
0
←

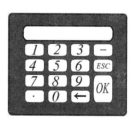

图 10-8　设定温度

在键盘上输入“25.00”，输入完毕后点击“OK”。再点击“置数”键，切换到数字显示“加热”状态。

3. 电导率的测定

（1）κ_0 的测定。

向 C 管中移入 20 mL 蒸馏水和 20 mL 0.0200 mol/L NaOH，混合均匀，将电导电极从 D 管取出，先用蒸馏水反复冲洗，再用滤纸吸干后放入 C 管（注意滤纸不能触碰 Pt 黑片）。

用洁净的移液管移取 20 mL 0.0200 mol/L $CH_3COOC_2H_5$ 放入 B 管，移取 20 mL 0.0200 mol/L NaOH 放入 A 管，恒温。

C 管溶液恒温 3~5 min 后，点击"实验类型"至数字显示为"κ_0"，观察读数，待读数 1 min 内没有明显变化后，此数值即为 κ_0。记录 κ_0 值，按下"保存"键，蜂鸣器鸣响且"（）"内数字加 1 或减 1，表示保存成功；过 2 min 再测定保存一次，"（）"内的数字从 1~3 循环显示（图 10-9）。保存 3 次测定数值，如果 3 次测定值相差太大，可以再反复测定。如需查询"κ_0"值，点击"查询"键即可（图 10-10）。

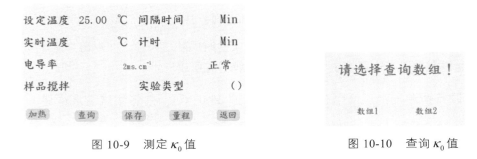

图 10-9　测定 κ_0 值　　　　图 10-10　查询 κ_0 值

注：

① 在测 κ_0 过程中，按"查询"键，可查询已保存的 κ_0 值；

② 如果需要电导率温度补偿，按"正常"键至"温补"状态，仪器将进行自动补偿。

（2）κ_t 的测定。

将电极（包括橡胶圈）取出，仔细冲洗电极后，用滤纸小心吸干（注意滤纸不能触碰 Pt 黑片），小心放入已置入了一粒干净的磁搅拌子的干燥空混合反应管中，放入样品测试区位置，C 管的 NaOH 溶液盖上管盖放到 C 管区待用。

选择实验类型至 κ_t 状态，设置间隔时间为 1 min（此为数据自动存储间隔时间）。点击样品搅拌，调节合适转速，使磁珠运转自如，注意磁搅拌子不能碰到电极（图 10-11）。

图 10-11　测定 κ_t 值

恒温 3~5 min，将恒温的两个样品（A、B 管）同时小心快速地倒入（喇叭口）同一个已恒温好的混合反应测试管中（千万勿使液体洒出），当溶液全部倒入后按下"计时"键，开始计时测定，当计时至间隔时间时，自动存储 κ_t 值（也可人工记录各时刻的测定值）。当结束测量 κ_t 时，按下"计时"键停止计时，或数据采集到最大值 40 个数据时，计时停止，出现图 10-12 所示界面。

点击"YES"，出现如图 10-13 对话框：

图 10-12　选择是否保存实验数据　　　　图 10-13　保存实验数据

蓝色进度条开始运行，等蓝色进度条运行结束，显示如图 10-14：

图 10-14　保存数据完毕

注：

① 在 κ_0 状态下按"保存"键，数据保存无效。

② 在测试 κ_t 过程中如要查看已保存的 κ_t 值，可按"查询"键查询。

③ 间隔时间的选择：每组 κ_t 值最多存储 40 组数据，故要合理选择间隔时间。如测量 κ_t 时需要 90 min，则间隔时间 ≥90/40≈2.25 min，应选择 ≥3 min。

④ 计时功能在加热状态和 κ_t 状态下有效。

（3）测定 T_2 温度的 κ_0、κ_t。

恒温槽温度设定升高为 T_2（如 35.00 ℃），将反复清洗干净的电导电极重新放入 C 管的 NaOH 溶液中，恒温后测定 κ_0 值；更换一个干净的混合反应测试管，按相同方法重复测定温度 T_2 下的 κ_t 值。

注：此温度下为数组 2，选择数组 2 时，设定温度须大于或小于数组 1 所设定温度 2 ℃。

4. 结束实验

经老师检查数据合格，取出电导电极，用大量蒸馏水清洗，干净后放入 D 管的蒸馏水中浸泡，清洗所有玻璃仪器并放入不锈钢盘待烘干，整理好仪器和实验台，做好清洁卫生，经老师签字许可后结束实验，离开实验室。

六、数据记录和处理

（1）将实验数据填入表 10-1，以 κ_t 对 $(\kappa_o - \kappa_t)/t$ 作图，由所得直线斜率求出各温度下反应速率常数 k（注意反应物的初始浓度 a 的值）。

表 10-1　乙酸乙酯皂化反应速率常数测定实验数据

室温：　　　　　　　　实验温度：　　　　　　　　大气压：　　　　　　　　κ_0：

时间/min						
κ_t						
$(\kappa_o - \kappa_t)/t$						

（2）由 $k(T_1)$、$k(T_2)$ 的值和公式（10-4）求该反应的活化能 E_a。

（3）根据该反应实验温度下的速率常数文献值计算活化能，求出实验测定的速率常数、活化能的误差，并分析讨论。

七、思考题

（1）被测溶液的电导是哪种离子的贡献？反应过程中溶液的电导为何发生变化？

（2）如果反应物的起始浓度不相等，试问应怎样计算反应速率常数 k？

（3）如果 NaOH 与 $CH_3COOC_2H_5$ 溶液不是稀溶液，还能用此法测定反应速率常数 k 吗？为什么？

实验十一 原电池电动势和溶液 pH 的测定

一、实验目的

（1）掌握补偿法测定原电池电动势的原理和方法。

（2）掌握 SDC-ⅡB 数字电位差综合测试仪的使用方法；了解 UJ-25 型电势电位差计的测量原理和使用方法。

（3）学会用电动势法测定溶液的 pH。

二、预习要求

（1）可逆电池的组成和电动势的定义。

（2）盐桥的作用、种类及制作方法。

（3）补偿法测定可逆电池电动势的原理。

（4）电池的电动势与溶液 pH 的关系。

（5）溶液活度与浓度的关系。

三、实验原理

可逆电池的电动势在物理化学中占有重要的地位，应用十分广泛，如平衡常数、活度系数、解离常数、溶解度、配合常数以及某些热力学函数的改变等均可通过电池电动势的测定来求得。

本实验待测电池：

（1）（－）$Hg(l) \mid Hg_2Cl_2(s)$，KCl(饱和)$\parallel AgNO_3(0.01 \text{ mol/L}) \mid Ag(s)$（＋）

（2）（－）$Hg(l) \mid Hg_2Cl_2(s)$，KCl(饱和)$\parallel H^+$(0.1 mol/L NaAc+0.1 mol/L HAc)$Q.Q H_2 \mid Pt$（＋）

（3）（－）$Hg(l) \mid Hg_2Cl_2(s)$，KCl(饱和)$\parallel H^+$(未知Ⅰ)$Q.Q H_2 \mid Pt$（＋）

（4）（－）$Hg(l) \mid Hg_2Cl_2(s)$，KCl(饱和)$\parallel H^+$(未知Ⅱ)$Q.Q H_2 \mid Pt$（＋）

1. 电池电动势的测量原理

原电池的电动势不能直接用电压表来测定，因为电池与电压表相接后形成了通路，电流通过电池内部将发生电化学变化，电极被极化，使溶液浓度改变，电动势不能保持稳定。同时因电池本身有内阻，电压表所测得的电势差仅为电池电动势的一部分。利用补偿法（也称对消法）可在电池无电流（或极小电流）通过时测得其两极间的静态电势差，即为该电池的平衡电动势。此时电池反应是在接近可逆的条件下进行的，因此补偿法测电池电动势的过程是趋近可逆的过程。补偿法测定原理如图 11-1 所示。

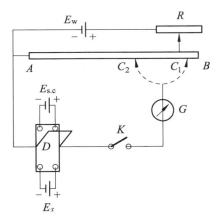

图 11-1　对消法补偿法原理

在待测电池上并联一个大小相等、方向相反的外加电势差，这样待测电池中没有电流通过，外加电势差的大小即等于待测电池的电动势。补偿法测电动势常用的仪器为两种类型的电位差测定仪：数字电位差综合测试仪与高电势电位差计，其基本原理如图 11-4 所示，本实验采用数字电位差综合测试仪测定。

在原理图中，AB 为均匀滑线电阻，通过可变电阻 R 与电压为 E_w 的工作电源构成回路，AB 上产生均匀的电势降，以均匀刻度（或数字）标示。E_x 和 $E_{s,c}$ 分别为待测电池和已经知道精确电动势的标准电池。K 为双向开关，C 为与 K 相连的可在 ABK 上移动的接触点，K 换向时，可选。E_x 和 $E_{s,c}$ 之一与 C 相通。G 是灵敏检流计，用来做示零仪表。

先将 C 点移到与标准电池电动势 $E_{s,c}$ 相应的刻度 C_1 处，将 K 与 $E_{s,c}$ 接通，迅速调整可变电阻 R 直至 G 中无电流通过。此时 $E_{s,c}$ 的电动势与 AC_1 的电势降等值、反向而对消，即存在

$$E_{s,c} = I \cdot R_{AC_1}$$

式中　I——流过回路的电流，称为电位差计的工作电流；

$E_{s,c}$——标准电池的电动势。由上式可得

$$I = E_{s,c} / R_{AC_1}$$

工作电流 I 调好后，固定 R，将转换开关 K 与 E_x 接通，迅速调节 C 至 C_2 点，使 G 中无电流通过，此时 E_x 的电动势与 AC_2 的电势降等值、反向而对消，所以 C_2 点所标记的电势降值，即为待测电池的电动势，即存在

$$E_x = I \cdot R_{AC_2}$$

$$E_x = E_{s,c}(R_{AC_2} / R_{AC_1})$$

应用补偿法测量电动势的优点：

（1）当被测电动势和测量回路的相应电势在电路中完全对消时，测量回路与被测量回路之间无电流通过，所以测量线路不消耗被测量线路的能量，这样被测量线路的电动势不会因为接入电位差计而发生任何变化。

（2）不需要测出线路中所流过电流 I 的数值，只需测得 R_{AC_2} 与 R_{AC_1} 的值就可以了。

（3）测量结果的准确性依赖于标准电池电动势 $E_{s,c}$ 及 R_{AC_2} 与 R_{AC_1} 之比值的准确性。由于标准电池及电阻 R_{AC_2}、R_{AC_1} 制造时都可以达到较高的精度，也可以应用高灵敏度的检流计，所以测量结果极为准确。

2. 电极电势的测定

原电池是由两个电极（半电池）组成，电极由互相接触的电子导体（金属）和离子导体（溶液）构成。两相界面上存在电势差，称为电极电势，如果液体接界电势已被盐桥消除，则电池的电动势等于两个电极还原电势的差值：

$$E = \varphi_{右} - \varphi_{左}$$

以丹聂尔电池为例：

$$(-)\,Zn \mid Zn^{2+}(a_{Zn^{2+}}) \parallel Cu^{2+}(a_{Cu^{2+}}) \mid Cu\ (+)$$

电池电动势由 Nernst 方程计算

$$\varphi_{Q \cdot QH_2} = \varphi_{Q \cdot QH_2}^{\ominus} - \frac{RT}{2F}\ln\frac{a_{QH_2}}{a_Q \cdot a_{H^+}^2}$$

在电化学中，电极电势的绝对值无法测量，只能以某电极的电极电势为标准求出其相对值。通常把氢电极中氢气压力为标准压力 $p^{\ominus}$、溶液中 $a_{H^+}=1$ 时，在任何温度下的电极电势规定为零，称为标准氢电极。将待测电极与标准氢电极组成电池，并把待测电极写在右方，标准氢电极写在左方：

$$Pt \mid H_2(p^{\ominus}),\ H^+(a_{H^+}=1) \parallel M^{n+}(a_{M^{n+}}) \mid M$$

测得的电池电动势的值即为该电极的电极电势 φ。若电极上实际进行的反应为还原反应，则 φ 为正值；若该电极上实际进行的反应为氧化反应，则 φ 为负值。由于氢电极使用较麻烦，故常用其他制备工艺简单、电极电势稳定的可逆电极作为参比电极来代替标准氢电极。本实验采用饱和甘汞电极（图 11-2）代替标准氢电极为参比电极。

电极反应为：

$$Hg_2Cl_2(s) + 2e^- \longrightarrow 2Hg(l) + 2Cl^-\ （饱和）$$

其还原电极电势：

$$\varphi_{Cl/Hg_2Cl_2,Hg} = \varphi^{\ominus} - \frac{RT}{F}\ln a_{Cl^-}$$

将甘汞电极与待测电极组成原电池，由甘汞电极的电极电势及实验测得的电池电动势，就可计算待测电极的电极电势（各电极电势计算方法见本实验附 1）。

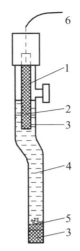

1—Hg；2—甘汞糊（Hg_2Cl_2+Hg）；3—滤纸塞；4—饱和 KCl 溶液；
5—KCl 晶体；6—电极引线。

图 11-2　饱和甘汞电极

3. 电动势法测溶液的 pH

溶液的 pH 可用电动势法精确测定，可利用各种氢离子指示电极与参比电极组成电池，由测得的电动势计算出溶液的 pH。常用的氢离子指示电极有氢电极、醌氢醌电极、玻璃电极等。本实验利用醌氢醌电极测定电解质溶液的 pH。将待测 pH 溶液以醌氢醌饱和，并以惰性电极（Pt 片或 Au 丝）插入此溶液组成醌氢醌电极。

醌氢醌是醌与氢醌物质的量之比为 1 的化合物，在水中依下式分解：

$$C_6H_4O_2 \cdot C_6H_4(OH)_2 \Longrightarrow C_6H_4O_2 + C_6H_4(OH)_2$$
$$\text{醌氢醌（Q·QH}_2\text{）} \qquad \text{醌(Q)} \quad \text{氢醌(QH}_2\text{)}$$

在醌氢醌电极上发生如下的还原反应：

$$C_6H_4O_2 + 2H^+ + 2e^- \longrightarrow C_6H_4(OH)_2$$

其电极电势为：

$$\varphi_{Q \cdot QH_2} = \varphi^{\ominus}_{Q \cdot QH_2} - \frac{RT}{2F} \ln \frac{a_{QH_2}}{a_Q \cdot a_{H^+}^2}$$

在酸性溶液中，氢醌离解度极小，可认为 $a_Q \approx a_{QH_2}$ 且等于其浓度。

得　　　　　$$\varphi_{Q \cdot QH_2} = \varphi^{\ominus}_{Q \cdot QH_2} - \frac{2.303RT}{F} pH$$

如果把此电极与饱和甘汞电极组成原电池，在 pH < 7.7 时醌氢醌电极为正极（当 pH

> 7.7 时，醌氢醌电极变为负极，应排列在电池的左方）：

$$(-)\ Hg(l)\ |\ Hg_2Cl_2(s),\ KCl(饱和)\ \|\ H^+(pH=?\ )\ |\ Q\cdot QH_2\ |\ Pt\ (+)$$

$$E = \varphi_{Q\cdot QH_2} - \varphi_{Cl^-/Hg_2Cl_2(s),\ Hg}$$

则

$$pH = \frac{F}{2.303RT}(\varphi_{Q\cdot QH_2} - \varphi_{Cl/Hg_2Cl_2,\ Hg} - E)$$

而电池（2）缓冲溶液的 pH，可将醋酸的电离常数

$$K_a = \frac{a_{H^+}\cdot a_{Ac^-}}{(a_{HAc})}$$

取对数，按 $pH = -\lg a_{H^+}$，即可得到 $pH = -\lg K_a + \lg \dfrac{a_{Ac^-}}{(a_{HAc})}$。由于醋酸溶液浓度稀且是分子状态，故可认为它的活度系数为 1，a_{Ac^-} 则可取为相同浓度 NaAc 的平均活度。已知 $K_a = 1.75\times10^{-5}$，可按上式计算此缓冲溶液的 pH，进而可得到电池（2）的电动势计算值。

醌氢醌电极具有电势较快达到平衡、应用较简便、不需要其他辅助设备、硫和硫化物的存在与否没有影响等优点；缺点是仅能用于弱酸或弱碱性溶液，在氧化剂或还原剂存在时，会产生误差。

四、仪器和试剂

1. 仪　器

SDC-Ⅱ$_B$ 数字电位差综合测试仪	1 台；
饱和甘汞电极、银电极、铂电极	各 1 根；
小烧杯	2~3 个；
玻璃 U 形管	1 根

2. 试　剂

醌氢醌粉末，KCl(饱和)溶液，AgNO$_3$ 溶液（ 0.01 mol·dm^{-3}），缓冲溶液（ 0.1 mol·dm^{-3} NaAc + 0.1 mol·dm^{-3} HAc），未知溶液Ⅰ、未知溶液Ⅱ。饱和 KNO$_3$ 琼脂溶液。

五、实验步骤

1. 饱和 KNO$_3$ 盐桥的制作

将饱和 KNO$_3$ 琼脂溶液加热熔化，沿玻璃 U 形管壁缓缓滴加，注意不能带入气泡，加满后稍冷，再于玻璃 U 形管两端补加少量饱和 KNO$_3$ 琼脂溶液，以填充由于冷却而产生的收缩空隙，冷凝后即为饱和 KNO$_3$ 盐桥。

2．电池电动势的测定

（1）电池（1）的测定：将饱和甘汞电极插入盛有约 1/4 杯饱和 KCl 溶液的烧杯中。另取一烧杯洗净后用少量 0.01 mol·dm^{-3} AgNO$_3$ 溶液连同银电极一起淌洗，然后装入 AgNO$_3$ 约 1/4 杯，插入银电极，用 KNO$_3$ 盐桥连接构成电池，按 SDC-Ⅱ$_B$ 数字电位差综合测试仪使用说明（附 2）接好电动势测量电路（电池与电位差计连接时应注意电极的极性），以内标为基准，精密测定电池的电动势。测定完毕后，（1）号电池的溶液不要倒掉。

（2）电池（2）的测定：烧杯洗净后用少量缓冲溶液（NaAc + HAc）连同铂电极一起淌洗，然后装入缓冲溶液约 1/4 杯，再于其中加入少量醌氢醌粉末，玻璃棒搅动使之溶解，但仍保持溶液中含少量固体。然后插入铂电极，架上盐桥，与（1）号电池的甘汞电极组成电池（2），这时（1）号电池用过的盐桥，须用洗瓶将浸入 AgNO$_3$ 溶液中的一端淋洗（为什么），同时用少量缓冲溶液淌洗，再按上法测其电动势。

最后按相同的方法测定未知溶液的电动势，以计算溶液的 pH。

3．结束实验

测定完毕后，先不要倒掉溶液，请老师检查数据合格后，将仪器恢复原样，将全部仪器设备归零，关闭仪器开关，拔掉电源。将实验溶液倒入废液桶，清洗实验用具，整理清洗实验台面及实验室，老师签字后才可离开。

六、数据记录与处理

（1）将原始数据及计算结果列表，填入表 11-1，写出详细计算过程（重复的计算方法可省略）。

表 11-1　电池电动势测定实验数据

室温：　　　　　　　　　　　　　　　大气压：

电池名称	电动势/V		pH	
	计算值	测定值	计算值	测定值
（1）号电池			—	—
（2）号电池				
（3）号电池	—		—	
（4）号电池	—			

（2）根据浓度计算（1）（2）号电池的电动势，计算醋酸缓冲溶液的 pH，此均为计算值。

（3）根据（2）号电池实测电动势计算醋酸缓冲溶液的 pH，并与计算值对照，进行误差分析。

（4）根据（3）（4）号电池实测电动势计算各未知溶液的 pH。

七、思考题

（1）为什么不能用电压表测定电池的电动势？

（2）本实验为何要用盐桥？这里能否采用 KCl 盐桥？

（3）如要消除测量过程中的绝对误差和相对误差，是否可以反复测量一个电池的电动势，取其平均值？为什么？

八、讨　论

分析实验成功与失败的原因。

附　件

附 1　电极电位的计算方法

1. 有关电解质的平均活度系数（表 11-2）

表 11-2　本实验所用电解质的平均活度系数

电解质溶液	0.01 mol·dm^{-3} AgNO$_3$	0.1 mol·dm^{-3} NaAc
$\gamma_{\pm}$	0.90	0.79

2. 电极电位与温度的关系

（1）饱和甘汞电极：当其作为氧化极时，电极反应是

$$Hg(l) + Cl^-(饱和\ KCl) \longrightarrow \frac{1}{2}Hg_2Cl_2(s) + e^-$$

$$\varphi_{甘汞} = \varphi_{甘汞}^{\ominus} - \frac{RT}{F}\ln a_{Cl^-}$$

对饱和甘汞电极来说，其 Cl$^-$ 浓度在一定温度下是一个定值，故其电极电位只与温度有关：

$$\varphi_{甘汞} = 0.2415 - 0.000\,65(t - 25)$$

（2）氯化银电极：当其作为氧化极时，电极反应是

$$Ag(s) + Cl^- \longrightarrow AgCl(s) + e^-$$

$$\varphi_{AgCl} = \varphi_{AgCl}^{\ominus} - \frac{RT}{F}\ln a_{Cl^-}$$

对非饱和型氯化银电极来说，其电极电位与 Cl$^-$ 浓度和温度均有关系，但 $\varphi_{AgCl}^{\ominus}$ 只与温度有关。

$$\varphi_{AgCl}^{\ominus} = 0.2224 - 0.000\,645(t - 25)$$

（3）醌氢醌电极：作为还原极时，电极反应是

$$C_6H_4O_2+2H^++2e^- \longrightarrow C_6H_4(OH)_2$$

$$\varphi_{Q \cdot QH_2} = \varphi_{Q \cdot QH_2}^{\ominus} - \frac{RT}{F}\ln\frac{1}{a_{H^+}}$$

$$\varphi_{Q \cdot QH_2} = \varphi_{Q \cdot QH_2}^{\ominus} - \frac{2.303RT}{F} \times pH$$

$$\varphi_{Q \cdot QH_2}^{\ominus} = 0.6994 - 0.000\,74(t-25)$$

（4）银电极：作为还原极时，电极反应是

$$Ag^+ + e^- \longrightarrow Ag$$

$$\varphi_{Ag} = \varphi_{Ag}^{\ominus} - \frac{RT}{F}\ln\frac{1}{a_{Ag^+}}$$

$$\varphi_{Ag}^{\ominus} = 0.799 - 0.000\,97(t-25)$$

附2　SDC-ⅡB 数字电位差综合测试仪使用说明

1. 开　机

用电源线连接仪表的电源插座与～220 V 电源，打开电源开关"ON"，预热 20 min 再进入下一步操作。仪器面板如图 11-3 所示。

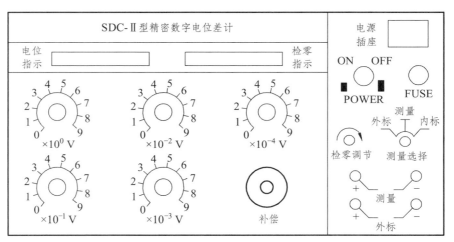

图 11-3　SDC-Ⅱ型精密数字电位差计仪器面板

2. 以内标为基准进行测量

（1）校验。

将"测量选择"旋钮置于"内标"。

将"10^0"位旋钮置于"1"，"补偿"旋钮逆时针旋到底，其他旋钮均置于"0"，此时，

"电位指示"显示"1.00000"V，若显示小于"1.00000"V，可调节补偿电位器以达到显示"1.00000"V；若显示大于"1.00000"V，应适当减小"$10^0 \sim 10^{-4}$"，旋钮，使显示小于"1.00000"V，再调节补偿电位器以达到"1.00000"V。待"检零指示"显示数值稳定后，按一下采零键，此时，"检零指示"显示为"0000"。

（2）测量。

① 将"测量选择"置于"测量"。

② 用测试线将被测电动势按"+""－"极性与"测量"插孔连接。

③ 用手按住"测量"按钮，同时进行下列操作。

④ 调节"$10^0 \sim 10^{-4}$"五个旋钮，使"检零指示"显示数值为负且绝对值最小。

⑤ 调节"补偿旋钮"，稳定后，使"检零指示"显示为"0000"，此时，"电位指示"数值即为被测电动势的值。

注意：

① 测量过程中，若"检零指示"显示溢出符号"OUL"，说明"电位指示"显示的数值与被测电动势值相差过大，应该继续调整。

② 电阻箱 10^{-4} 挡值若稍有误差，可调节"补偿"电位器达到对应值。

③ 判断所测量的电动势是否为平衡电动势，一般应在 15 min 左右的时间内，等时间间隔地测量 7~8 个数据。若这些数据在平均值附近摆动，偏差小于 0.0005 V，则可认为稳定准确，取其平均值作为该电池的电动势。

3. 以外标为基准进行测量

（1）校验。

① 将已知电动势的标准电池按"+""－"极性与"外标"插孔连接。

② 将"测量选择"旋钮置于"外标"。

③ 将"10^0"位旋钮置于"1"，调节"补偿"旋钮，使"电位指标"显示的数值与外标电池数值相同。

④ 待"检零指示"数值稳定后，按一下采零键，此时，"检零指示"显示为"0000"。

（2）测量。

① 拔出"外标"插孔的测试线，再用测试线将被测电动势按"+""－"极性与"测量"插孔连接。

② 将"测量选择"置于"测量"，用手按住"测量"按钮，同时进行下列操作。

③ 调节"$10^0 \sim 10^{-4}$"五个旋钮，使"检零指示"显示数值为负且绝对值最小。

④ 调节"补偿"旋钮，使"检零指示"显示为"0000"，此时，"电位指示"数值即为被测电动势的值。

4. 关 机

实验结束，首先将仪器归零，关闭电源开关（OFF），然后拔下电源线，并将各仪器复原，摆放整齐。

附3 UJ-25 型高电势电位差计的测定原理

1. 电位差计作用原理

UJ-25 型高电势电位差计可直接用来测量直流电势，当配合标准电阻时，还可以测量直流电流、电阻以及校验功率表。电位差计根据对消法（补偿法）原理，使被测电动势与标准电动势相比较，其基本原理如图 11-4 所示。

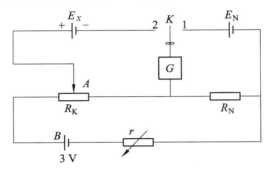

图 11-4 UJ-25 型高电势电位差计基本原理

在线路中，E_N 是标准电池，它的电动势值是已经精确知道的。E_x 为被测电动势，G 是灵敏检流计，用作示零仪表。R_N 为标准电池的补偿电阻，其大小根据工作电流来选择。R_K 是被测电动势的补偿电阻，它由已经知道电阻值的各进位盘组成，因此，通过它可以调节不同的电阻数值，使其电位降与 E_x 相对消。r 是调节工作电流的变阻器，B 是作为电源用的电池，K 为转换开关。下面以图 11-4 说明对未知电动势 E_x 的测量过程：

先将开关 K 合在 1 的位置上，然后调节 r，使检流计 G 指示到零点，这时有下列关系：

$$E_N = I \cdot R_N$$

式中 I——流过 R_N 和 R 上的电流，称为电位差计的工作电流；

E_N——标准电池的电动势。由上式可得

$$I = \frac{E_N}{R_N}$$

工作电流 I 调好后，将转换开关 K 合至 2 的位置上，同时移动滑线电阻的滑动触头 A，再次使检流计 G 指到零，此时滑动触头 A 在可调电阻上的电阻值设为 R_K，则有：

$$E_x = I \cdot R_K$$

因为此时的工作电流 I 就是前面所调节的数值，因此有：

$$E_x = \frac{E_N}{R_N} R_K$$

所以当标准电池电动势 E_N 和标准电池电动势的补偿电阻 R_N 的数值确定时，只要正确读出 R_K 的值，就能正确测出未知电动势 E_x。

2. 电位差计测量电动势的方法

如图 11-5 所示，在 UJ-25 型电位差计面板上方有 13 个端钮，供接"电池""标准电池""电计""未知""泄漏屏蔽""静电屏蔽"之用。左下方有"标准""未知""断"转换开关和"粗""中""细"3 个电计按钮。右下方有"粗""中""细""微"4 个工作电流调节按钮。在其上方是 2 个标准电池电动势温度补偿旋钮。面板左面 6 个大旋钮，其下都有 1 个小窗孔，被测电动势值由此示出。

使用 UJ-25 型电位差计测定电动势，可按图 11-5 线路连接。电位差计使用时都配用灵敏检流计和标准电池以及工作电源（低压稳压直流电源或 2 节一号干电池，也可用蓄电池）。

UJ-25 型电位差计测量电动势的范围上限为 60 V，下限为 0.000 001 V，但当测量高于 1.911 110 V 的电压时，必须配用分压箱来提高测量上限。

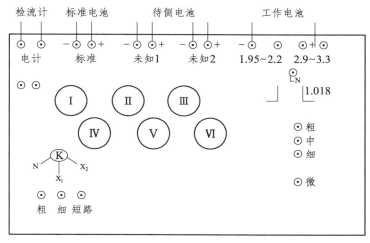

图 11-5　UJ-25 型电位差计版面示意图

现在说明测量 1.911 110 V 以下电压的方法：

（1）在电位差计使用前，首先将"标准""未知""断"转换开关放在"断"位置，并将左下方 3 个电计按钮全部松开，然后将电池电源、被测电动势和标准电池按正负极接在相应端钮上，并接上检流计。

（2）调节标准电池电动势温度补偿旋钮，使其读数与标准电池的电动势一致。注意标准电池的电动势受温度的影响发生变动，例如常用的镉汞标准电池，调整前可根据下式计算出标准电池电动势的准确数值。

$$E_t = E_0 - 4.06 \times 10^{-5}(t-20) - 9.5 \times 10^{-7}(t-20)^2$$

式中　E_t——t °C 时标准电池的电动势；

　　　t——测量时室内环境温度，°C；

　　　E_0——标准电池在 20°C 时的电动势。

（3）将"标准""未知"转换开关放在"标准"位置上，按下"粗"按钮，调节工作电流，使检流计示零，然后按下"细"按钮，再调节工作电流，使检流计示零。此时电位差计的工作电流调整完毕，接着可以进行未知电动势的测量。

（4）松开全部按钮，将转换开关放在"未知"位置上，调节各测量十进盘，首先在"粗"按钮按下时使检流计示零，然后在"细"按钮按下时调至检流计示零。

（5）6个大旋钮下方小孔示数的总和即是被测电池的电动势。

测定时必须注意：

① 在测量过程中若出现检流计受到冲击的情况，应迅速按下"短路"按钮，以保护灵敏检流计。

② 在测量过程中应经常校核工作电流是否正确。

12

实验十二　极化曲线的测定

一、实验目的

（1）掌握准动态慢扫描法测定金属极化曲线的基本原理和测试方法。
（2）了解、初步掌握极化曲线的意义和应用。
（3）掌握 CHI 电化学工作站的使用方法。

二、预习要求

（1）什么是极化现象？什么是极化曲线？
（2）阳极溶解速率与电位的关系是什么？什么是金属的钝化？

三、实验原理

1. 极化现象与极化曲线

为了探索电极过程原理及影响电极过程的各种因素，必须对电极过程进行研究，其中极化曲线的测定是重要方法之一。众所周知，在研究可逆电池的电动势和电池反应时，电极上几乎没有电流通过，每个电极反应都是在接近平衡状态下进行的，因此电极反应是可逆的。但当有电流明显地通过电池时，电极的平衡状态被破坏，电极电势偏离平衡值，电极反应处于不可逆状态，而且随着电极上电流密度的增加，电极反应的不可逆程度也随之增大。电流通过电极而导致电极电势偏离平衡值的现象称为电极的极化，描述电流密度与电极电势之间关系的曲线称作极化曲线，如图 12-1 所示。

一般来说，整个电极过程（电极/溶液界面上发生的一系列变化步骤的总和）的速度取决于控制步骤（速度最慢的步骤）。因此按照控制步骤的不同，电极极化主要分为两类：一是浓差极化，液相传质步骤为控制步骤，其发生是离子扩散速度小于电极反应消耗离子的速度所致；二是电化学极化，即反应物在电极表面得失电子的电化学反应为控制步骤，其发生是电子传递速度大于电极反应消耗电子的速度所致。因此，电极之所以发生极化，实质上是在电极过程中电极反应速度、电子传递速度与离子扩散速度三者不相适应造成的。

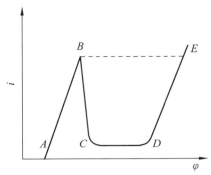

A—B：活性溶解区；B：临界钝化点；B—C：过渡钝化区；
C—D：稳定钝化区；D—E：超（过）钝化区。

图 12-1 极化曲线

金属的阳极过程是指金属作为阳极时在一定的外电势下发生的阳极溶解过程，如下式所示：

$$M \longrightarrow M^{n+} + ne^-$$

此过程只有在电极电势（位）大于其热力学平衡电势时才能发生。阳极的溶解速度随电位变大而逐渐增大，这是正常的阳极溶出；但当阳极电势大到某一数值时，其溶解速度达到最大值，此后阳极溶解速度随电势变大反而大幅度降低，这种现象称为金属的钝化现象。图 12-1 中曲线表明，从 A 点开始，随着电位向正方向移动，电流密度也随之增加，电势超过 B 点后，电流密度随电势增加迅速减至最小，这是因为在金属表面产生了一层电阻高、耐腐蚀的钝化膜。B 点对应的电势称为临界钝化电势，对应的电流称为临界钝化电流。到达 C 点以后，随着电势的继续增加，电流却保持在一个基本不变的很小的数值上，该电流称为维钝电流，直到电势升到 D 点，电流才又随着电势的上升而增大，表示阳极又发生了氧化过程，可能是高价金属离子产生，也可能是水分子放电析出氧气，DE 段称为过钝化区。

2. 极化曲线的测定

电极的极化曲线的测定根据给电极的外电压或电流是否恒定，一般分为恒电位法和恒电流法两种，原理见图 12-2。

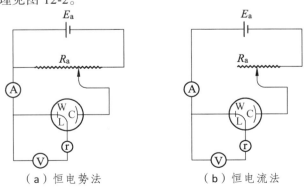

（a）恒电势法　　　　　　（b）恒电流法

图 12-2 恒电势和恒电流测量原理

（1）恒电位法：恒电位法就是将研究电极的电极电势依次恒定在不同的数值上，然后测量对应于各电位下的电流。极化曲线的测量应尽可能接近稳态体系。稳态体系指被研究体系的极化电流、电极电势、电极表面状态等基本上不随时间而改变。在实际测量中，常用的控制电位测量方法又有以下两种：

① 静态法（阶跃法）：将电极电势恒定在某一数值，测定相应的稳定电流值，如此逐点地测量一系列各个电极电势下的稳定电流值，以获得完整的极化曲线。对某些体系，达到稳态可能需要很长时间，为节省时间，提高测量重现性，往往自行规定每次电势恒定的时间。

② 动态法（慢扫描法）：控制电极电势以较慢的速度连续地改变（扫描），并测量对应电势下的瞬时电流值，以瞬时电流为纵坐标、对应的电极电势为横坐标作图，获得整个极化曲线。一般来说，电极表面建立稳态的速度越慢，电位扫描速度也应越慢。因此对不同的电极体系，扫描速度也不相同。为测得稳态极化曲线，通常依次减小扫描速度，测定若干条极化曲线，当测至极化曲线不再明显变化时，可确定此扫描速度下测得的极化曲线即为稳态极化曲线。同样，为节省时间，对于那些只是为了比较不同因素对电极过程影响的极化曲线，则选取适当的扫描速度绘制准稳态极化曲线就可以了。

上述两种方法都已经获得了广泛应用，尤其是慢扫描法，由于可以自动测绘，扫描速度可控制恒定，因而测量结果重现性好，特别适用于对比实验。

（2）恒电流法：恒电流法就是控制研究电极上的电流密度依次恒定在不同的数值下，同时测定相应的稳定电极电势值。采用恒电流法测定极化曲线时，由于种种原因，给定电流后，电极电势往往不能立即达到稳态，不同的体系，电势趋于稳态所需要的时间也不相同，因此在实际测量时一般电势接近稳定（如 1 ~ 3 min 内无大的变化）即可读数，或人为规定每次电流恒定的时间。

四、仪器和试剂

1. 仪 器

CHI 电化学工作站	1 台；
饱和甘汞电极	1 支；
碳钢电极	1 支；
三室电解槽	1 只；
铁架台	1 个；
100 mL 烧杯	2 个；
50 mL 量筒	2 个；
特细水砂纸、滤纸	若干。

2. 试 剂

H_2SO_4 溶液（$0.5\ mol \cdot dm^{-3}$），浓氨水（AR），饱和$(NH_4)_2CO_3$溶液，无水酒精（AR）。

五、实验步骤

1. 通电前准备

本实验采用动态法（慢扫描法）测定极化曲线。将三室电解槽（图 12-3）小心地固定于铁架台；打开电化学工作站电源开关。

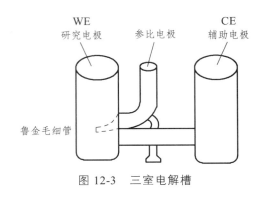

图 12-3　三室电解槽

2. 碳钢电极预处理

用特细砂纸将碳钢研究电极打磨至镜面光亮（新电极应在丙酮中除油），在 0.5 mol/L 的硫酸溶液中去除氧化层，浸泡时间约 1 min，取出用无水乙醇浸泡后，迅速擦干，并放入电解池中。

3. 电解液准备

在 100 mL 烧杯中加入饱和$(NH_4)_2CO_3$溶液和浓氨水各 35 mL，混合后倒入电解池中。

4. 正确连接电化学实验装置

根据电化学工作站标记的工作电极 WE，辅助电极 CE（铂电极）和参比电极（甘汞电极）与三室电解槽中三电极相匹配，正确连接实验装置。

注意：研究电极与鲁金毛细管应尽量靠近，但管口离电极表面的距离不能小于毛细管本身的直径。

5. 动态法（慢扫描法）测定极化曲线的步骤

（1）打开 CHI 电化学工作站电源，然后再打开操作软件，用 Setup 命令选择所需实验技术，如 Linear Sweep Voltammetry（线性扫描伏安法），将鼠标指向所选择的技术，然后双击该技术名即可，也可单击技术名，然后按 "OK" 键（图 12-4）。

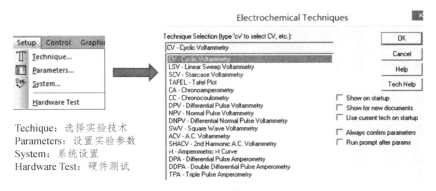

Techique：选择实验技术
Parameters：设置实验参数
System：系统设置
Hardware Test：硬件测试

图 12-4　软件操作界面

（2）选定实验技术后，就可设置所需的实验参数，如图 12-5。

线性扫描伏安法（LSV）
· 初始电位
· 终点电位
· 扫描速度
· 采样间隔
· 静置时间
· 灵敏度
· 将开路电压作为中心（自动测试开路电压，高低电位对称）
· 扫描速度小于0.01 V/s时自动设定灵敏度
· 启用辅助信号记录

图 12-5　实验参数设置

（3）点击 control 菜单中 Run 命令运行实验，如图 12-6。若要停止实验，可用 Stop（停止）命令或按工具栏上相应的键。如果实验过程中发现电流溢出（Overflow，经常表现为电流突然成为一水平直线或警告），可停止实验，在参数设定命令中重设灵敏度（Sensitivity）。数值越小越灵敏（1.0e-006 要比 1.0e-005 灵敏），如果溢出，应将灵敏度调低（数值调大），灵敏度的设置以尽可能灵敏而又不溢出为准。

运行实验
暂停实验/继续实验
终止实验
改变扫描方向（循环伏安法）
零电流（电流-时间曲线）
零时间（电流-时间曲线）

图 12-6　control 菜单

（4）实验结束后，可执行 File 菜单中的 Save As 命令，用此命令储存数据。用户需要输入文件名，数据是以二进制格式储存的，实验参数和控制参数都一起存入文件中，如果要运行与以前完全相同条件的实验，可读入以前的文件，然后运行实验。如果未保存数据，下次实验或读入其他文件时会将当前数据抹去。

（5）用 Convert to Text 命令可将盘中的二进制数据文件转换成文本文件（又称 ASCII文件），这可使其他软件也可读入测量数据，从而进行各种数据处理和显示。

6. 结束实验

测定完后，请指导老师检查数据合格后，关闭电源，将实验溶液倒入废液桶，电极取出洗净，清洗实验用具，整理清洗实验台面及实验室，记下实验室温度、大气压，请老师签字才可离开。

六、注意事项

（1）按照实验要求，严格进行电极处理至没有瑕疵。
（2）将研究电极置于电解槽时，要注意与鲁金毛细管之间的距离每次应保持一致。

（3）仪器的电源应采用单相三线，其中地线应与大地连接良好，地线的作用不但可起到机壳屏蔽以降低噪声，而且也是为了安全，不致因漏电而引起触电。

七、数据记录和处理

（1）将测试得到的数据以文本文件导出。
（2）以电流密度为纵坐标、电极电势（相对饱和甘汞）为横坐标，绘制极化曲线。
（3）讨论所得实验结果及曲线的意义，指出阳极极化部分钝化曲线中的活性溶解区、过渡钝化区、稳定钝化区、过钝化区，并标出临界钝化电流密度（电势）、维钝电流密度等数值。

八、思考题

（1）比较恒电流法和恒电位法测定极化曲线有何异同，本实验采用哪种方法?为什么?
（2）讨论静态法和动态法的区别。

附　件

恒电位仪/恒电流仪（CHI660E）简介

CHI600E 系列仪器集成了几乎所有常用的电化学测量技术，包括恒电位、恒电流、电位扫描、电流扫描、电位阶跃、电流阶跃、脉冲、方波、交流伏安法、流体力学调制伏安法、库仑法、电位法，以及交流阻抗等。不同实验技术间切换十分方便，实验参数的设定是提示性的，可避免漏设和错设。

仪器的硬性指标

- 最大电位范围：±10 V
- 最大电流：±250 mA 连续，±350 mA 峰值
- 槽压：±13 V
- 恒电位仪上升时间：小于 1 ms，通常 0.8 ms
- 恒电位仪带宽（–3 分贝）：1 MHz
- 所加电位范围：±10 mV，±50 mV，±100 mV，±650 mV，±3.276 V，±6.553 V，±10 V
- 所加电位分辨：电位范围的 0.0015%
- 所加电位准确度：±1 mV，±满量程的 0.01%
- 所加电位噪声：< 10 mV 均方根植
- 测量电流范围：±10 pA 至±0.25 A，12 量程
- 测量电流分辨：电流量程的 0.0015%，最低 0.3 fA
- 电流测量准确度：电流灵敏度大于等于 1×10^{-6} A/V 时为 0.2%，其他量程 1%
- 输入偏置电流：< 20 pA

实验十三 溶液介电常数的测定

一、实验目的

（1）掌握测定乙酸乙酯介电常数的原理及方法。

（2）准确理解介电常数与偶极矩的关系。

（3）掌握溶液法测定偶极矩的原理和方法。

二、预习要求

（1）了解溶液法测定介电常数的原理、方法和计算。

（2）熟悉小电容测量仪的使用。

三、实验原理

1. 介电常数的测定

介电常数 ε 可通过测量电容来求算，因为

$$\varepsilon = \frac{C_c}{C_0} \tag{13-1}$$

式中　C_0——电容器在真空时的电容；

　　　C_c——充满待测溶液（介质）时的电容，由于空气的电容非常接近 C_0，故式（13-1）可改写成

$$\varepsilon = \frac{C_c}{C_空} \tag{13-2}$$

本实验利用电桥法测定电容，其桥路为变压器比例臂电桥，如图 13-1 所示。电桥平衡的条件是：

$$\frac{C'_c}{C_s} = \frac{U_c}{U_s}$$

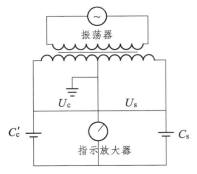

图 13-1　电容电桥示意图

式中　　C_c'——电容池两极间的电容；

　　　　C_s——标准差动电器的电容。

调节差动电容器，当 $C_c' = C_s$ 时，$U_x = U_c$，此时指示放大器的输出趋近于零。C_s 可从仪器上直接读出，这样 C_c' 即可测得。由于整个测试系统存在分布电容（C_d），所以实测的电容 C_c' 是样品电容 C_c 和分布电容 C_d 之和，即

$$C_c' = C_c + C_d \tag{13-3}$$

显然，为了求 C_c' 首先就要确定 C_d 值，方法是先测定无样品时空气的电空 $C_空'$，则有

$$C_空' = C_空 + C_d \tag{13-4}$$

再用一已知 ε 的标准物质测得 $C_标'$：

$$C_标' = C_标 + C_d \tag{13-5}$$

因为　　　　　$C_0 \approx C_空$

则　　　　　$C_标' - C_空' = C_标 - C_0 \tag{13-6}$

而　　　　　$\varepsilon_标 = \frac{C_标}{C_0} \tag{13-7}$

所以　　　　$C_标' - C_空' = \varepsilon_标 C_0 - C_0 \tag{13-8}$

由式（13-8）、式（13-5）得

$$C_0 = \frac{C_标' - C_空'}{\varepsilon_标 - 1} \tag{13-9}$$

$$C_d = C_空' - \frac{C_标' - C_空'}{\varepsilon_标 - 1} \tag{13-10}$$

将 C_d 代入式（13-3）和式（13-6）即可求得溶液的电容 C_c，这样就可由式（13-1）计算待测液的介电常数 ε。

2. 偶极矩与极化度

分子呈电中性，但因空间构型的不同，正负电荷中心可能重合，也可能不重合，前者称为非极性分子，后者称为极性分子。偶极矩的理论最初由 Debye 于 1912 年提出，分子极性大小用偶极矩 μ 来度量，其定义为：

$$\mu = q \cdot d \tag{13-11}$$

式中　q——正、负电荷中心所带的电荷量；

　　　d——正、负电荷中心间的距离。

偶极矩的 SI 单位是库［仑］·米（C·m）。而过去习惯使用的单位是德拜（Debye），1 D=3.334×10^{-30} C·m。

偶极矩的测量工作开始于 20 世纪 20 年代，分子偶极矩通常可用微波波谱法、分子束法、介电常数法和其他一些间接方法来进行测量。由于前两种方法在仪器上受到的局限较大，因而文献上发表的偶极矩数据绝大多数来自介电常数法。

若将极性分子置于均匀的外电场中，分子将沿电场方向转动，同时还会发生电子云对分子骨架的相对移动和分子骨架的变形，称为极化。极化的程度用摩尔极化度 p 来度量。p 是转向极化度（$p_{转向}$）、电子极化度（$p_{电子}$）和原子极化度（$p_{原子}$）之和。

$$p = p_{转向} + p_{电子} + p_{原子} \tag{13-12}$$

其中，

$$p_{转向} = \frac{4\pi}{9} N_A \frac{\mu^2}{KT} \tag{13-13}$$

式中　N_A——Avogadro（阿伏伽德罗）常数；

　　　K——Boltzmann（玻耳兹曼）常数；

　　　T——热力学温度。

在外电场作用下，极性或非极性分子均会发生电子云对分子骨架的相对移动，分子骨架也会变形（主要是键角发生变化），称为诱导极化或变形极化，用 $p_{诱导}$ 来表示，显然：

$$p_{诱导} = p_{电子} + p_{原子} \tag{13-14}$$

由于 $p_{原子}$ 在 p 中所占的比例很小，所以在不很精确的测量中可以忽略 $p_{原子}$，式（13-12）可写成：

$$p = p_{转向} + p_{电子}$$

（1）在低频电场（频率 < 10^{10} s^{-1}）或静电场中，极化度 p 由公式（13-12）计算。

（2）在中频场中（频率 10^{12} ~ 10^{14} s^{-1}），电场的交变周期小于分子偶极矩的松弛时间，极性分子的转向变化跟不上电场的变化（即极性分子来不及沿电场方向定向），所以：$p_{取向} = 0$，则

$$p = p_{电子} + p_{原子} = p_{诱导} \tag{13-15}$$

（3）在高频场、紫外或可见光（频率 > 10^{15} s^{-1}）中，极性分子的取向和骨架变形都跟不上电场的变化：

$$p = p_{\text{电子}} \qquad (13\text{-}16)$$

因此，原则上只要在低频电场或静电场中测得 p，在高频电场测得 p（即 $p_{\text{诱导}}$），则

$$p = p_{\text{转向}} + p_{\text{诱导}}$$

$$p_{\text{转向}} = p - p_{\text{诱导}} \qquad (13\text{-}17)$$

将式（13-17）代入式（13-13），可以计算出 μ。

通过测定偶极矩，可以了解分子中电子云的分布和分子对称性，判断几何异构和分子的立体结构。

3. 溶液法测定极化度

克劳修斯、莫索蒂、德拜从电磁理论得到了摩尔极化度 p 与介电常数 ε 之间的关系：

$$p = \frac{\varepsilon - 1}{\varepsilon + 2} \times \frac{M}{\rho} = \frac{4\pi}{3} N_A (\alpha_a + \alpha_e + \frac{\mu^2}{3KT}) \qquad (13\text{-}18)$$

式中　α_a、α_e——原子、分子的极化率；

　　　ρ——温度 t 时的密度。

式（13-18）是在假定分子间无相互作用时推导出来的，所以只适用于温度不太高的气相体系。但测定气相的 ε 和 ρ 较困难，且有的物质根本不能得到气态。故提出溶液法来解决这一问题，其设想是，在无限稀释的非极性溶液中，溶质分子处于的状态与气态时相近，所以：

$$p_2^{\infty} \approx p \qquad (13\text{-}19)$$

1929 年，德拜根据溶液的加和性提出：极性溶质和非极性溶剂形成的二元稀溶液，溶液的摩尔极化度可由下式计算：

$$p_{12} = \frac{\varepsilon_{12} - 1}{\varepsilon_{12} + 2} \overline{V}_{12} = \frac{\varepsilon_1 - 1}{\varepsilon_1 + 2} \overline{V}_1 x_1 + \frac{4\pi}{3} N_A (\alpha_{a2} + \alpha_{e2} + \frac{\mu^2}{3KT}) x_2 \qquad (13\text{-}20)$$

式中　下标——12 表示溶液，1 表示溶剂，2 表示溶质；

　　　$\overline{V}_{12}$——溶液的平均摩尔体积；

　　　$\overline{V}_1$——溶剂的摩尔体积。

前面已述，在低频电场或静电场中测得 p，高频电场测得 $p_{\text{诱导}}$，可求出 $p_{\text{转向}}$，进而求出偶极矩 μ。但由于实验条件限制，不能做到这一点。根据光的电磁理论，在高频电场中，频率相同时，透明物质的介电常数与折光度的关系为：

$$\varepsilon = n^2$$

习惯上用 R 表示高频场中测得的极化度，即 $R = p_{\text{电子}}$。因此在高频场中，二元稀溶液有

$$R_{12} = \frac{n_{12}^2 - 1}{n_{12}^2 + 2} \overline{V}_{12} = \frac{n_1^2 - 1}{n_1^2 + 2} \overline{V}_1 x_1 + \frac{4}{3} N_A \alpha_{e2} \qquad (13\text{-}21)$$

对于稀溶液有 $\overline{V}_1 x_1 = \overline{V}_{12}$

由式（13-20）、式（13-21），并忽略原子极化率 α_{e2}，得

$$\left(\frac{\varepsilon_{12} - 1}{\varepsilon_{12} + 2} - \frac{n_{12}^2 - 1}{n_{12}^2 + 2}\right) \overline{V}_{12} = \left(\frac{\varepsilon_1 - 1}{\varepsilon_1 + 2} - \frac{n_1^2 - 1}{n_1^2 + 2}\right) \overline{V}_{12} + \frac{4\pi}{9} N_A \frac{\mu^2}{KT} x_2 \qquad (13\text{-}22)$$

上式两边同除 $\overline{V}_{12}$，并令 $\dfrac{x_2}{\overline{V}_{12}} = D_2 \times 10^{-3}$

$$D_2 = \frac{x_2}{\dfrac{M_1}{\rho_1} + \dfrac{M_2}{\rho_2}} \times 10^3 \qquad (13\text{-}23)$$

所以由式（13-22）可得：

$$\left(\frac{\varepsilon_{12} - 1}{\varepsilon_{12} + 2} - \frac{n_{12}^2 - 1}{n_{12}^2 + 2}\right) = \left(\frac{\varepsilon_1 - 1}{\varepsilon_1 + 2} - \frac{n_1^2 - 1}{n_1^2 + 2}\right) + \frac{4\pi}{9} N_A \frac{\mu^2 \times 10^{-3}}{KT} D_2 \qquad (13\text{-}24)$$

4. 偶极矩的测定

令

$$\left(\frac{\varepsilon_{12} - 1}{\varepsilon_{12} + 2} - \frac{n_{12}^2 - 1}{n_{12}^2 + 2}\right) = Y \qquad (13\text{-}25)$$

$$\left(\frac{\varepsilon_1 - 1}{\varepsilon_1 + 2} - \frac{n_1^2 - 1}{n_1^2 + 2}\right) = A \qquad (13\text{-}26)$$

$$\frac{4\pi}{9} N_A \frac{\mu^2 \times 10^{-3}}{KT} = B \qquad (13\text{-}27)$$

式（13-24）简化为：

$$Y = A + BD_2 \qquad (13\text{-}28)$$

通过实验测得 ε_{12}、n_{12}，以 Y 对 D_2 作图，得到直线，由其斜率可求得 μ。

$$\mu = \sqrt{\frac{9 \times 10^3 KT}{4\pi N_A} B} = 0.405 \sqrt{BT} \, (\text{Debye}) \qquad (13\text{-}29)$$

四、仪器和试剂

1. 仪 器

PGM-Ⅱ数字小电容测量仪　　　1 套；

超级恒温槽　　　　　　　　　2 台；

电吹风	1只。

2. 试 剂

环己烷（分析纯）；

乙酸乙酯摩尔分数分别为 0.04 ~ 0.12 的乙酸乙酯-环己烷溶液。

五、实验步骤

1. 空气 $C'_{空}$ 的测定

PCM-Ⅱ数字小电容测量仪如图 13-2 所示。测定前，先设定恒温槽（用变压器油为介质）温度为(25.0±0.1) ℃。

图 13-2　PCM-Ⅱ数字小电容测量仪

（1）将 PCM-Ⅱ数字小电容测量仪通电，预热 5 ~ 10 min。同时用电吹风的冷风将电容池的样品室吹干，盖上池盖，恒温 5 min。

（2）将电容仪与电容池连接线先接一根（只接电容仪，不接电容池），调节采零按钮，数字指示为零为止。

（3）将两根连接线都与电容池接好，显示的稳定数值即为 $C'_{空}$，记下测量数据，反复测三次（每次应复查仪器零点），取平均值即为 $C'_{空}$。

2. 标准物质 $C'_{标}$ 的测定

用滴管移取环己烷加入电容池中，将电容池中央电极全部覆盖为止，旋好盖恒温 5 min，采零后，测量出 $C'_{标}$，反复测量 3 次（每次应复查仪器零点），取平均值即为 $C'_{标}$。

已知标准物环己烷的介电常数与温度 t（℃）的关系为

$$\varepsilon_{标} = 2.023 - 1.6 \times 10^{-3}(t - 20)$$

3. 乙酸乙酯-环己烷溶液 $C'_{样}$ 的测定

将环己烷倒入回收瓶中，用冷风将电容池吹干恒温 5 min 后，再复测 $C'_{空}$ 值，与前面所测的 $C'_{空}$ 值之差应小于 0.02 pF，否则表明样品室有残液，应继续用冷风吹干。然后装入溶液（装入量应相同，样品过多会腐蚀密封材料，渗入恒温腔，使实验无法正常进行；样品太少未充满电极间，电容池分布电容不相等，影响测定结果），用同样方法测量各个样品溶液的 $C'_{样}$，反复测量三次（每次应复查仪器零点），取平均值即为 $C'_{样}$。

4. 结束实验

数据经指导老师检查合格，关闭仪器电源，记录实验室温度、压力，清洗整理实验物品仪器，做好清洁卫生，经老师签字许可后结束实验。

六、注意事项

（1）加液体样品时，到将电容池中央电极刚刚覆盖完为止。每次测量前要用冷风将电容池吹干，并重测 $C'_空$，与原来的 $C'_空$ 值相差应小于 0.02 pF。严禁用热风长时间吹样品室。

（2）测 $C'_样$ 时，操作应迅速，池盖要盖紧，防止样品挥发和吸收空气中极性较大的水汽，样品瓶也要随时盖严，以免影响溶液的浓度。

（3）使用 PCM-II 数字小电容测量仪进行实验时，一定要先采零，显示的数据稳定后才能读数。

（4）注意不要用力扭曲电容仪连接电容池的电缆线，以免损坏。

七、数据记录和处理

（1）将所测数据填入表 13-1，由环己烷、乙酸乙酯的质量（G_1、G_2）和附录查得 t 温度下相应的密度（ρ_1、ρ_2），计算各溶液的 x_2 和 D_2，填入表内。

$$x_2 = \frac{\dfrac{G_2}{M_2}}{\dfrac{G_1}{M_1}+\dfrac{G_2}{M_2}} \qquad D_2 = \frac{x_2 \times 10^3}{\dfrac{G_1}{\rho_1}+\dfrac{G_2}{\rho_2}}$$

（2）由公式（13-9）（13-10）（13-3）（13-1）（13-28），计算 C_0、C_d 和各溶液的 C_c、$\varepsilon_溶$、$Y_值$，填入表 13-1。

表 13-1　溶液介电常数测量数据

实验温度：　　　　　　实验室温度：　　　　　　大气压：

样品	x_2	D_2	n				C'_c				C_c	ε_x	$Y \times 10^3$
			1	2	3	平均	1	2	3	平均			
空气	—		—										
环己烷		—											
1#													
2#													
3#													
4#													
5#													

（3）作 Y-D_2 图，将斜率 B、温度 T 代入式（13-27）至（13-29），求乙酸乙酯的 μ。

（4）乙酸乙酯的 μ 文献值为 1.78（Debye），计算实验测定误差，讨论、分析误差来源。

八、思考题

（1）偶极矩测定实验中做了哪些理论近似处理？

（2）试分析实验中误差的主要来源，如何改进？

九、讨　论

分析实验成功与失败的原因。

14

实验十四　溶液中的吸附作用和表面张力的测定

一、实验目的

（1）测定不同浓度的正丁醇水溶液的表面张力。

（2）由表面张力-浓度曲线（$\sigma\text{-}C$）求界面上的吸附量和正丁醇分子的横截面积 S_0。

（3）掌握一种测定表面张力的方法——最大气泡法。

二、预习要求

（1）表面张力、吸附的定义。

（2）吸附与表面张力、浓度的关系。

（3）最大气泡法测定溶液表面张力装置的原理。

（4）本实验的操作关键。

（5）$\sigma\text{-}C$ 曲线、$\dfrac{C}{\Gamma}\text{-}C$ 曲线的画法及数据处理方法。

三、实验原理

1. 表面张力与吸附

物体表面分子和内部分子所处的环境不同，表面层分子受到向内的拉力，它使液体表面具有自动缩小的趋势。我们把作用在界面上单位长度边缘上的力，称为表面张力。表面张力是液体的重要特性之一，与所处的温度、压力、浓度以及共存的另一相的组成有关。纯液体的表面张力通常是指该液体与饱和了其本身蒸气的空气共存的情况而言。

溶液表面可以发生吸附作用，当某一液体中溶有其他物质时，其表面张力会发生变化。例如，在水中溶入醇、酸、酮、醛等有机物，可使其表面张力减小。实验表明，溶质在溶液中的分布是不均匀的，表面层的浓度和内部不同的现象叫"吸附"。根据能量最低原则，当溶质能降低溶剂的表面张力时，表面层中溶质的浓度应比溶液内部大，称正吸附；反之溶质使溶剂的表面张力升高时，它在表面层中的浓度比在内部的浓度小，称负吸附。显然，在指定温度和压力下，吸附与溶液的表面张力及浓度有关。Gibbs 用热力学的方法推导出一定温度下吸附量 Γ 与表面张力 σ 及溶液的浓度 C 之间的关系式：

$$\varGamma = -\frac{C}{RT} \cdot \frac{\mathrm{d}\sigma}{\mathrm{d}C} = -\frac{1}{RT} \times \frac{\mathrm{d}\sigma}{\mathrm{d}\ln C} \qquad (14\text{-}1)$$

式中 $\varGamma$——表面吸附量，$mol \cdot m^{-2}$；

σ——溶液的表面张力，$N \cdot m^{-1}$；

T——热力学温度，K；

C——溶液浓度，$mol \cdot m^{-3}$；

R——气体常数，$R = 8.314 \, N \cdot m \cdot mol^{-1} \cdot K^{-1}$。

当 $\left(\dfrac{\mathrm{d}\sigma}{\mathrm{d}C}\right)_T < 0$ 时，$\varGamma > 0$，为正吸附；

反之，当 $\left(\dfrac{\mathrm{d}\sigma}{\mathrm{d}C}\right)_T > 0$ 时，$\varGamma < 0$，为负吸附。

当加入溶质后，液体表面张力显著下降，$\varGamma > 0$，此类物质称表面活性物质；若 $\varGamma < 0$，则表明加入溶质后液体表面张力升高，此类物质称非表面活性物质。因此，从 Gibbs 关系式可看出，只要测出不同浓度溶液的表面张力，以 σ-C 作图（图 14-1），在曲线上作不同浓度的切线可求得 $\left(\dfrac{\mathrm{d}\sigma}{\mathrm{d}C}\right)_T$ 值，把切线的斜率代入 Gibbs 吸附公式，即可求出不同浓度时气-液界面上的吸附量 $\varGamma$。

在一定温度下，气-液界面上的吸附量与溶液浓度之间的关系由 Langmuir 等温式表示：

$$\varGamma = \varGamma_\infty \times \frac{KC}{1+KC} \qquad (14\text{-}2)$$

式中 $\varGamma_\infty$——饱和吸附量；

K——经验常数。

将上式转换成直线方程，则有

$$\frac{C}{\varGamma} = \frac{C}{\varGamma} + \frac{1}{\varGamma_\infty K} \qquad (14\text{-}3)$$

若以 $\dfrac{C}{\varGamma}$-C 作图，可得一直线（图 14-2），由直线斜率即可求出 $\varGamma_\infty$。

假若在饱和吸附的情况下，溶质分子在气-液界面上铺满一单分子层，则可应用下式求得被测物质分子的横截面积 S_0。

$$S_0 = \frac{1}{\varGamma_\infty N_A} \qquad (14\text{-}4)$$

式中 N_A——阿伏伽德罗常数。

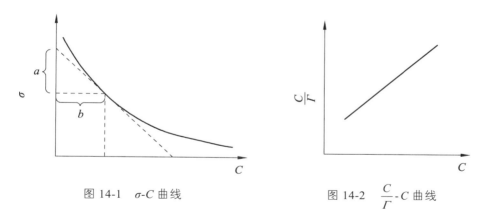

图 14-1　σ-C 曲线　　　　　　图 14-2　$\dfrac{C}{\Gamma}$-C 曲线

2. 最大气泡法测量表面张力

测量表面张力的方法有很多,本实验采用最大气泡法,其装置和原理如图 14-3 所示。

当表面张力仪中的毛细管端面与待测液体液面相切时,液面即沿毛细管上升。打开滴液管的活塞,让水缓慢下滴,使毛细管内液面上受到的压力比试管中液面上的压力稍大,气泡就从毛细管口逸出,这一最大压力差可由数字式精密压差计读出。

根据图 14-3,如果毛细管半径为 r,气泡由毛细管口逸出时受到向下的总压力为 $\pi r^2 p_{\max}$,气泡在毛细管内受到的表面张力所引起的作用力为 $2\pi r\sigma$。当气泡自毛细管口逸出时,上述两力相等,即 $\pi r^2 p_{\max}=2\pi r\sigma$。

若用同一根毛细管,对两种表面张力分别为 σ_1 和 σ_2 的液体进行测量,则有下列关系:

$$\frac{\sigma_1}{\sigma_2}=\frac{p_{\max 1}}{p_{\max 2}}$$

$$\sigma_2=\frac{p_{\max 2}}{p_{\max 1}}\cdot\sigma_1=K\cdot p_{\max 2} \tag{14-5}$$

式中　$p_{\max}$——最大压力差;

　　　K——毛细管仪器常数:

$$K=\frac{\sigma_1}{p_{\max 1}} \tag{14-6}$$

因此,用已知表面张力 σ_1 的液体(这里为纯水在实验温度下的表面张力,N/m;$p_{\max 1}$ 为水的实验值)为标准,从式(14-5)即可求出其他液体的表面张力 σ_2。

四、仪器和试剂

1. 仪　器

最大气泡法表面张力仪　　　1 套;

精密数字式压差测量仪	1 台；
超级恒温槽	1 套；
比重瓶（10 cm³）	1 个；
烧杯（250 mL、100 mL）	各 1 个；
250 mL 试剂瓶	5 个；
滴管	5 支；
洗耳球	1 个；
秒表	1 支。

2. 试　剂

正丁醇（AR）：浓度为 0.02、0.05、0.10、0.15、0.20 mol·L^{-1}；丙三醇（AR）。

五、实验步骤

1. 溶液配制

分别配制 0.02、0.05、0.10、0.15、0.20 mol·L^{-1} 的正丁醇溶液各 100 mL。配制方法如下：洗净、烘干比重瓶，称量（m_1）；于其中注满正丁醇，慢慢盖上塞子并用滤纸小心地吸去毛细管溢出的液体（注意不可吸去毛细管顶端的液体），迅速称量（m_2），则正丁醇比重为 $m = \dfrac{m_2 - m_1}{10}$（g·cm^{-3}）。配制时移取正丁醇体积为

$$V = \frac{C \times 74}{10\,m}\ (\text{mL})$$

式中　C——待配浓度，mol·L^{-1}；

　　　74——正丁醇的摩尔质量，g·mol^{-1}。

移取所需体积的正丁醇注入 100 mL 容量瓶中，以水稀释至刻度，摇匀并转移到干燥的试剂瓶中。

注意：若计算出的 V 为小数，如 0.091 mL，为避免取样误差，可取 0.1 mL，则浓度变大，作图时应以此实际浓度为依据。

2. 仪器安装

充分洗净毛细管，并排净其中的水；按图 14-3 接好装置；调节超级恒温槽为 (25.0±0.1) ℃（接触温度计的使用见附件）；打开循环水；打开精密数字式压差测量仪电源并选择单位为 mmH$_2$O。

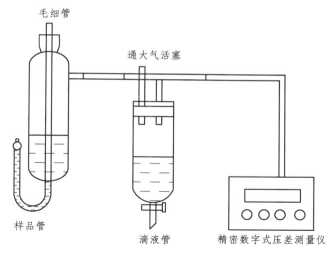

毛细管

通大气活塞

样品管

滴液管

精密数字式压差测量仪

图 14-3　最大气泡法测量表面张力装置

3. 仪器常数的测定

先以水作为待测液测定仪器常数。打开精密数字式压差测量仪，在滴液管中装约 3/4 的蒸馏水；将干燥的毛细管垂直地插到样品管中，并在样品管中注入蒸馏水，使毛细管的顶端刚好与水面相切，盖上盖子；先打开滴液管的通大气活塞，将精密数字式压差测量仪采零，再关闭通大气活塞；打开滴液管，控制滴液速度，使毛细管逸出气泡的速度为 5 ~ 10 s/个；记录压差计读数的最大值，重复 2 次，求出平均 p_{max1}，再由式（14-6）求出毛细管仪器常数 K。倒掉样品管中的蒸馏水。

4. 待测样品表面张力的测定

用待测正丁醇溶液涮洗样品管和毛细管 2 次，按照仪器常数测定的方法，测定已知浓度的待测正丁醇样品溶液的压力差 p_{max2}。测定完成后检查数据的变化趋势是否正确（应该如何变化）；彻底清洗毛细管及样品管。

六、注意事项

（1）测定用的毛细管一定要洗干净，否则气泡可能不能连续稳定地通过，使压差计读数不稳定。如发生此种现象，毛细管应重洗。

（2）毛细管一定要保持垂直，管口刚好与液面接触。

（3）在数字式压差测量仪上，应读出单个气泡（最多不超过 3 个气泡）连续稳定逸出时的最大压力差，否则结果存在较大误差。

七、数据记录和处理

（1）按表 14-1 记录实验数据。由附录中查出实验温度时水的表面张力，算出毛细管

常数 K。

（2）由实验结果计算各浓度溶液的表面张力 σ（$N \cdot m^{-1}$），并作 σ-C 曲线。

表 14-1　实验结果

室温：　　　℃；　　　　　　　　　　　　大气压：　　　kPa

样品	水	正丁醇溶液				
浓度/mol·L^{-1}	—	0.02	0.05	0.10	0.15	0.20
p_{max}/mmH$_2$O						
I						
II						
平均						

（3）在 σ-C 曲线上分别求 0.02、0.05、0.10、0.15、0.20 mol·L^{-1} 浓度点的 $\left(\dfrac{d\sigma}{dC}\right)_T$ 值。

（4）根据 Gibbs 吸附等温式计算各浓度下的溶液表面吸附量并列入表 14-2。

表 14-2　数据处理结果

正丁醇浓度 /mol·L^{-1}	p_{max} /mmH$_2$O	σ/N·m^{-1}	$\left(\dfrac{d\sigma}{dC}\right)_T$	Γ /mol·m^{-2}	$\dfrac{C}{\Gamma}$
0.02					
0.05					
0.10					
0.15					
0.20					

（5）作 $\dfrac{C}{\Gamma}$-C 图，应得一直线，由直线斜率求出 Γ_∞。

（6）根据式（14-4）计算正丁醇分子的横截面积 S_0（nm^2）（文献值：25 ℃ 时 S_0 为 0.263 nm^2）。

八、思考题

（1）用最大气泡法测量表面张力时为什么要读最大压力差？

（2）哪些因素影响表面张力测量结果?如何减小这些因素对实验的影响？

（3）滴液管放水的速度过快对实验结果有没有影响?为什么？

九、讨　论

分析实验成功与失败的原因。

附 件

接触温度计的使用原理

作为感温元件的接触温度计也是一种控温元件。接触温度计的构造如图 14-4 所示，与普通温度计类似，但上下两段均有刻度（7），上段由标铁（5）指示温度，它下接一根钨丝，钨丝下端所指的位置与标铁（5）的上端面所指温度相同。它依靠顶端上部的调节帽（1）内的一块磁铁（3）的旋转来调节钨丝的上下位置。当旋转调节帽（1）时，磁铁（3）带动内部螺丝杆（8）转动，使标铁（5）上下移动，顺时针旋转调节帽（1）时，标铁（5）向上移动；逆时针旋转时，标铁向下移动。下面水银槽和上面螺丝杆引出两根导线（4 和 4'），作为导电与断电用。当恒温槽温度未达到标铁上端面所指示的温度时，水银柱与钨丝触针不接触，指示恒温槽内的加热器开始工作；当温度上升并达到标铁上端面所指示的温度时，水银柱与钨丝触针接触，从而使两根导线（4 和 4'）接通，指示恒温槽内的加热器停止工作。

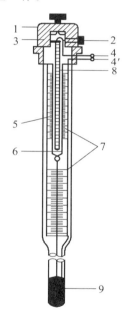

1—调节帽；2—调节帽固定螺丝；3—磁铁；4—螺丝杆引出线；
4'—水银槽引出线；5—标铁；6—触针；7—刻度板；8—螺丝杆；
9—水银槽。

图 14-4　接触温度计的构造图

图 14-5　超级恒温槽

使用时松开调节帽固定螺丝，旋转调节帽，使标铁上端面所指示的温度比所需温度低 2~3 ℃，拧紧调节帽固定螺丝；打开超级恒温槽（图 14-5）电源，此时超级恒温槽红灯亮，加热器工作；待红灯熄灭时，观察水银温度计，若还没有达到所需温度，则重复微调调节帽，使超级恒温槽温度逐渐达到所需温度即可。特别注意微调调节帽的方法，每次当调到超级恒温槽红灯亮时即可，不能调得太多，以避免超过所需温度。

15

实验十五　胶体电泳速率及 ζ 电势的测定

一、实验目的

（1）学会制备和纯化 $Fe(OH)_3$ 溶胶。

（2）掌握电泳法测量 $Fe(OH)_3$ 溶胶电泳速率和 ζ 电势的原理和方法。

二、预习要求

（1）掌握 $Fe(OH)_3$ 溶胶的制备及纯化方法。

（2）掌握溶胶 ζ 电势的测量方法。

（3）明确计算 ζ 电势公式中各物理量的意义。

（4）掌握电导仪和电泳仪的操作关键及注意事项。

三、实验原理

1. $Fe(OH)_3$ 溶胶的制备

溶胶的制备方法可分为分散法和凝聚法。分散法是用适当方法把较大的物质颗粒变为胶体大小的质点；凝聚法是先制成难溶物的分子（或离子）的过饱和溶液，再使之相互结合成胶体粒子而得到溶胶。$Fe(OH)_3$ 溶胶的制备就是采用的化学法，即通过化学反应使生成物呈过饱和状态，然后粒子再结合成溶胶。制成的胶体体系中常有其他杂质存在，影响其稳定性，因此必须纯化，常用的纯化方法是半透膜渗析法。

2. 溶胶电泳速率和 ζ 电势的测量

溶胶是多相分散体系，其分散相胶粒的大小在 1 nm 至 1 μm。由于本身的电离或选择性地吸附一定量的离子以及其他原因，胶粒表面具有一定量的电荷，胶粒周围的介质分布着反离子。反离子所带电荷与胶粒表面电荷符号相反、数量相等，整个溶胶体系保持电中性。胶粒周围的反离子由于静电引力和热扩散运动的结果形成了两部分：紧密层和扩散层。紧密层有一两个分子层厚，紧密吸附在胶核表面上；扩散层的厚度随外界条件（温度、体系中电解质浓度及其离子的价态等）而改变，扩散层中的反离子分布符合玻尔兹曼分布。由于离子的溶剂化作用，紧密层结合一定数量的溶剂分子，在电场的作用下，它和胶粒作为一个整体移动，而扩散层中的反离子则向相反的电极方向移动。这种在电场作用下分散相（胶体）粒子相对于分散介质的运动称为电泳。显然，在紧密层与本体溶液之间存在电势差，此电势差的大小决定胶粒在电场中移动的速率，故称电动电势，又称 ζ 电势。图 15-1 为胶体的双电层示意图。

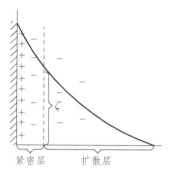

图 15-1　胶体双电层模型

电泳是胶体粒子在外电场中的定向移动现象，带正电的胶体粒子向负电极方向移动，同时胶体粒子表面上双电层的外层离子（即负离子）向正电极方向移动。带负电的胶体粒子，移动方向正好相反，这种情况与电解质溶液中离子的移动甚为相似。

电动电势 ζ 是表征胶体特性的重要物理量之一，其大小直接反映胶粒在外电场中的迁移速率和胶体的稳定性，在研究胶体性质及其应用上有重要意义。胶体的稳定性与电动电势 ζ 有直接关系，由于溶胶属于热力学不稳定系统，在放置过程中，胶体将聚集变大，终致沉降，但它能处于暂时的稳定状态，主要原因之一是系统中胶粒均带有电荷，彼此相斥而抗聚集，从而使系统稳定。胶粒带电荷越多，ζ 电势越大，抗聚集的能力也越大，胶体系统也越稳定；反之则越不稳定。显然 ζ 电势的大小，直接影响胶粒在外电场中的移动速率；ζ 电势越大，移动速率越快；反之则慢。

测定 ζ 电势的方法很多，原则上，任何一种胶体的电动现象都可以用来测定 ζ 电势。最方便、广泛使用的是电泳法，即在外电场的作用下，观察胶粒移动的速率。电泳法又分为宏观法、微观法两种。宏观法是在外电场的作用下，观察溶胶与另一不含胶粒的导电溶液（辅助液，它与胶体的导电性质很接近）所形成明显界面的移动速率。对高分散或固体含量高的溶胶，采用此法较为合适。微观法是直接观察单个胶粒在电场中的泳动速率，此法适用于颜色淡或固体含量低的溶胶。本实验用宏观法：界面移动法，测定 $Fe(OH)_3$ 溶胶的电泳速率及 ζ 电势。

ζ 电势与胶粒的性质、介质成分、胶体的浓度、电泳速率有关。在指定条件下，ζ 电势的关系可用式（15-1）计算。

$$\xi = \frac{\pi K \eta \cdot u}{\varepsilon_{\mathrm{r}} \cdot H} \tag{15-1}$$

式中　K——与胶粒形状有关的常数，球形粒子 $K = 5.4 \times 10^{10}~\mathrm{V}^2 \cdot \mathrm{s}^2 \cdot \mathrm{kg}^{-1} \cdot \mathrm{m}^{-1}$，棒状粒子 $K = 3.6 \times 10^{10}~\mathrm{V}^2 \cdot \mathrm{s}^2 \cdot \mathrm{kg}^{-1} \cdot \mathrm{m}^{-1}$，本实验中的氢氧化铁溶胶为棒状粒子；

ε_r——介质的相对介电常数；

η——介质的黏度，$kg \cdot m^{-1} \cdot s^{-1}$；

H——电势梯度，即单位长度上的电位差，$V \cdot m^{-1}$；

u——电泳速率，$m \cdot s^{-1}$。

若以 U 表示外加电压（V），L 表示两电极的距离（m），H 与 U 之间的关系可用公式（15-2）表示。

$$H = \frac{U}{L} (V \cdot m^{-1}) \tag{15-2}$$

单位梯度电场强度作用下，界面在时间 t（s）内移动了距离 Y（m），电泳速率 u 可用公式（15-3）表示。

$$u = \frac{Y}{t} \ (m \cdot s^{-1}) \tag{15-3}$$

把式（15-2）代入式（15-1）得

$$\zeta = \frac{\pi \eta K \cdot L \cdot u}{\varepsilon_r \cdot U} (V) \tag{15-4}$$

由式（15-3）知，对于一定溶胶，若固定外加电压 U（V）和电极距离 L（m），测得胶体界面在不同时刻 t（s）的位置 Y（m），作 Y-t 图，其斜率的绝对值即为胶粒的电泳速率 u，再利用式（15-4）可以求算出 ζ 电势。

本实验以 KCl 为辅助液，与自制 $Fe(OH)_3$ 胶体在电泳管中形成清晰界面，用电泳仪测定不同时刻界面的位置，以界面位置为纵坐标、时间为横坐标作图，直线的斜率绝对值即为 $Fe(OH)_3$ 胶体的电泳速率，进而计算出 $Fe(OH)_3$ 胶体的 ζ 电势。

四、仪器和试剂

1. 仪　器

电泳仪（DYY-12 型）　　　　1 套；

电导率仪（DSS-11A 型）　　　1 套；

可调电炉　　　　　　　　　　1 台；

烧杯（100、200、1000 mL）　各 2 只；

锥形瓶（250mL）　　　　　　1 只；

不锈钢直尺　　　　　　　　　1 支。

2. 试　剂

火棉胶（AR），$FeCl_3$ 溶液（饱和），KCNS 溶液（1%），$AgNO_3$ 溶液（1%），KCl 溶液（饱和）。

五、实验步骤

1. Fe(OH)₃溶胶的制备及纯化（此部分由老师提前完成）

（1）渗透膜的制备。

在一个内壁洁净、干燥的 250 mL 锥形瓶中，加入约 10 mL 火棉胶液，小心转动锥形瓶，使火棉胶液黏附在锥形瓶内壁上形成均匀薄层，倾出多余的火棉胶于回收瓶中。此时锥形瓶仍需倒置，并不断旋转，待剩余的火棉胶流尽，使瓶中的乙醚蒸发至已闻不出气味为止（此时用手轻触火棉胶膜，已不粘手）。然后再往瓶中注满蒸馏水（若乙醚未蒸发完全，加水过早，则半透膜发白），浸泡 10 min。倒出瓶中的蒸馏水，小心用手分开膜与瓶壁之间的间隙。慢慢注蒸馏水于夹层中，使膜脱离瓶壁，轻轻取出。在膜袋中注入蒸馏水，观察是否有漏洞，如有小漏洞，可将此洞周围擦干，用玻璃棒蘸火棉胶补好。制好的半透膜不用时，要浸放在蒸馏水中。

（2）用水解法制备 Fe(OH)₃溶胶。

在 250 mL 烧杯中，加入 100 mL 蒸馏水，加热至沸，慢慢滴入数滴 $FeCl_3$ 饱和溶液，并不断搅拌，加完后继续保持沸腾 2~3 min，得到红棕色的 Fe(OH)₃溶胶，其结构式可表示为：

$$\{m[Fe(OH)_3] \cdot nFeO^+ \cdot (n-x)Cl^-\}^{x+} xCl^-$$

在胶体体系中存在过量的 H^+、Cl^- 等离子，需要除去。

（3）用渗析法纯化 Fe(OH)₃溶胶。

将制得的 Fe(OH)₃溶胶注入渗透膜内，用线拴住袋口，置于 800 mL 的清洁烧杯中，杯中加蒸馏水约 300 mL，进行渗析。每 1 日换 1~3 次蒸馏水，一周后取出 1 mL 渗析水，分别用 1% $AgNO_3$ 及 1% KCNS 溶液检查是否存在 Cl^- 及 Fe^{3+}，如果仍存在，应继续换水渗析，直到检查不出为止（可以将蒸馏水加热至 60~70 ℃，渗析 20 min 换一次水。渗析5~6 次后，将渗析水分别置于两个试管中，再分别检验渗析水到无 Fe^{3+} 和基本没有 Cl^- 检出为止，一般换 7~10 次蒸馏水）。将纯化好的 Fe(OH)₃溶胶移入一清洁干燥的试剂瓶中待用。

2. 配制 KCl 辅助溶液

取 60~80 mL Fe(OH)₃溶胶（如未净化，则按照比例 100 mL 胶体加 5 g 尿素，用于减小杂质离子的干扰，溶化后），用电导率仪测定其电导率（可以只测定相对大小么）；然后在另一个装有 80 mL 蒸馏水的 100 mL 烧杯中配制与胶体有相同电导率的 KCl 溶液，待用。

3. 仪器安装及实验测定

（1）胶体与辅助液界面的形成。

首先把已洗净烘干的电泳管（图 15-2）安装在铁架上（若电泳管未烘干，可用少量溶胶涮洗 1~2 次），关闭活塞（5），将测定了电导率的 Fe(OH)₃溶胶慢慢地从电泳管漏斗

（6）倒入电泳管中，使液面至电泳管刻度 5 cm（4）附近。

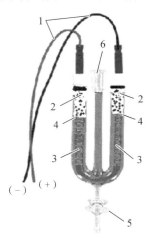

1—Pt 电极；2—辅助液；3—溶胶；4—界面；5—活塞；6—漏斗。

图 15-2　电泳管示意图

用胶头滴管小心地将配制的与胶体有相同电导率的 KCl 辅助溶液缓慢地沿管壁加到 $Fe(OH)_3$ 溶胶上（一定要避免扰动胶体，保持界面清晰，是实验能否成功的关键），两侧管中交替滴加，使左右界面位置基本等高；一直加到辅助液面离管口约 1cm 处（2），用少量辅助液淌洗电极 2 次，将铂电极插入电泳管（界面相对最清晰端插+极、另一端插−极），辅助液一定要将电极的铂覆盖完，如果没有覆盖完，可以从电泳管漏斗（6）倒入适量的胶体直至将电极的铂覆盖完。

（2）电泳仪参数设置。

接通电泳仪电源（图 15-3），打开开关（2），大约 1 min 后仪器完成初始化并鸣叫，电泳仪显示屏（3）出现使用提示。仪器预热 5～10 min 后，选择"标准模式（STD）"，设置参数：

电压 U=40～80 V

电流 I=20 mA

功率 P=30 W

时间 T=1.30.00（意为 1 h 30 min）

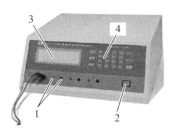

1—电极插孔；2—电源开关；3—显示区；4—操作键区。

图 15-3　DYY-12 型电泳仪

将插入电泳管的电极正负极导线与电泳仪接好。注意正极（红线）、负极（黑线）千万不能接错，并必须接到同一组电极插孔。注意高压安全。

注：第（2）步的预热仪器可以在（1）步之前进行。

（3）电泳测定。

启动电泳仪"开始"进行测量，注意观察显示屏表示的实际电压、电流、功率和时间。从第 5 min 开始测定电泳管中左右胶体与辅助液界面的刻度位置 Y（cm），同时记录时间 t（s）、电压 U（V）、电流 I（mA）、功率 P（W）。以后每隔 5 min 测定一次，直到有一侧界面位置变化达到 2～4 cm（或测定 8～10 点），停止电泳。

（4）交换电泳管的正负电极，按相同方法再测一次。注意：电泳仪未停止以前，切不能拨动电极，以免影响实验和造成触电。

4. 结束实验

实验结束，关闭电泳仪电源，用不锈钢直尺测出电极间的距离 L（m），反复测 3 次取平均（注意测电极间的距离 L 时，必须先关闭电源，否则会产生触电危险）。拆除线路，把电泳管内液体倒入回收桶，小心拔下电极导线，收好；电极先用自来水冲洗，再用蒸馏水反复涮洗 5 次，放到塑料烧杯中；小心仔细用洗洁精涮洗电泳管，用自来水反复冲洗电泳管，再用蒸馏水反复涮洗 5 次，将电泳管倒置固定在铁架上。洗干净烧杯等玻璃仪器，整理好实验台，打扫卫生，记录实验室温度、大气压，经指导老师检查、签字后完成实验。

六、注意事项

（1）本实验使用的电泳仪可以输出很高电压，必须按要求设置参数和规范操作，以免发生触电事故。

（2）制备 $Fe(OH)_3$ 溶胶时，$FeCl_3$ 一定要逐滴加入，并不断搅拌。纯化 $Fe(OH)_3$ 溶胶时，换水后要渗析一段时间再检查 Fe^{3+} 及 Cl^- 的存在。

（3）在制备半透膜时，一定要使整个锥形瓶的内壁上均匀地附着一层火棉胶液，操作和干燥时一定要远离火源。取出半透膜时，一定要借助蒸馏水的浮力将膜托出。

（4）辅助液与溶胶的电导应一致，注入溶胶和补充溶胶时，千万不要带入气泡。能否形成清晰的界面是本实验能否成功的关键。若不能形成清晰界面，需将电泳管中的溶液全部倒掉，洗净后，按要求重新装管。

（5）量取两电极的距离 L 时，要沿电泳管的中心线量取，量 3 次取平均。

（6）利用公式求算 ζ、u 时，各物理量的单位都按公式要求，相关数值从附录中有关表中查得。对于水的相对介电常数 ε_r，应考虑温度校正，可由以下公式求得：

$$\ln\varepsilon_r = 4.474226 - 4.54426 \times 10^{-3} t \quad (t \text{ 为实验温度，} ℃)$$

（7）胶体的净化也可以按 5 g/100 g 胶体溶液比例加入尿素，消除杂质离子对电动电

势 ζ 测定的影响。

七、数据记录和处理

（1）将实验数据整理记录入表 15-1。

表 15-1　胶体电泳测定数据记录

日期：　　　　　　室温：　　　　　　大气压：　　　　　　同组同学：

时间 t（60 s）								
电压 U/V								
电流 I/mA								
溶胶界面位置 $Y/10^2$ m	(+)极							
	(−)极							
电极距离 $L/10^2$ m	第 1 次				平均			
	第 2 次							
	第 3 次							

（2）作 Y-t 图，以同一端电极数据计算电泳速率 u。

（3）将电泳速率 u 和其他数据代入公式（15-4）计算胶体的电动电势 ζ，根据文献值，计算测量误差，并讨论其来源。

（4）根据胶粒电泳时的移动方向确定其所带电荷符号。

八、思考题

（1）决定电泳速率快慢的因素是什么？

（2）做好本实验的关键是什么？

（3）为什么要渗析，渗析水检查到什么程度？

（4）辅助液起什么作用？如何选择辅助液？

九、讨　论

分析实验成功与失败的原因。

附　件

附 1　DDS-11A 型数显电导仪使用说明

DDS-11A 型数显电导仪量程选择开关分为：2 μS、20 μS、200 μS、2 mS、20 mS 五个量程挡。在不知道量程的情况下，首先选择最大量程 20 mS，以免损坏仪器。

使用步骤：

（1）接通电源线，按下电源开关，使仪器预热 5～10 min。

（2）将电极浸入被测溶液，电极插头插入插座（插头对准插座上的定位销，按下插头顶部即可插入。如欲拔出，则捏住插头外套往上拔即可）。

（3）将"温度"钮置于被测液的实际温度相应位置（当"温度"钮置 25 ℃，则无补偿作用）。

（4）"校正/测量"开关置于"校正"，调节"常数"钮使显示数（小数点位置不论）与所使用电极的常数标称值一致。例如，电极常数为 0.85，则调节常数钮使显示 850，常数为 1.1，则调常数钮使显示 1 100，不管小数点位置。

当使用常数为 10 的电极来测量高电导率的溶液时，若常数标称值为 9.6，则调"常数"钮使显示 960，若常数为 10.8，则调"常数"钮使显示 1080。

（5）将"校正/测量"开关置于"测量"，将"量程"置合适的量程挡，待显示稳定后仪器显示值即为溶液在 25 ℃ 时的电导率。

如果显示屏后三位熄灭，第 1 位为 1，表示被测值超出量程范围，应置于高一挡量程来测量（例如，置于 20 μS 挡超量程，应置 200 μS 挡）。又若读数很小，为提高测量精度，应置于低一挡的量程挡。

（6）测量高电导溶液（如污液、稀酸、碱），宜使用常数为 10（或大于 10）的电极，此时量程扩大 10 倍，在 20 mS/cm 挡可测至 200 mS/cm，2 mS/cm 挡可测至 20 mS/cm，此时，测量结果应乘以 10。

（7）测量高纯水时，为获得更高精度，完全消除干扰；可配用常数为 0.1 或 0.01 的电极，这时，测量结果应分别除以 10 或 100。

（8）本仪器可长时间连续使用，可将输出信号 0～10 mV（或 0～2 V）接至记录仪进行自动监测。

测量高纯水时请注意：

（1）测量前先用纯水清洗电极。

（2）高纯水在流动状态下测量，为此，用管道将电导池直接与纯水设备连接；否则，空气中 CO_2 等气体溶入水中会使电导率迅速增加。也可采用有机玻璃测量槽，将电极装入槽中，槽的上、下方分别接出、进水管（聚乙烯管），管道中应无气泡。

附2　DYY-12 型电脑三恒多用电泳仪使用说明

电泳技术是目前分子生物学上不可缺少的重要分析手段，它在基础理论、农业、工业、医药卫生、法医学、商检、教育以及国防科研等实践中有着广泛的用途。

DYY-12 型电泳仪是根据电泳原理设计的高压电源，它与序列分析电泳槽或冷却板多用电泳槽、循环冷却器等组成完整的系统，可完成核苷酸序列分析电泳、分析型等电聚焦电泳、SDS 常规聚丙烯酰胺凝胶电泳、各类普通凝胶及薄膜电泳、免疫电泳，双向电泳等多种功能。

1. 特　点

本仪器为全电脑操作控制，大屏幕液晶显示。采用高性能的开关电源作为本机的输出核心，输出功率大（最大约 750 V·A）；输出：电压 10～3000 V、电流 4～400 mA、功率 4～400 W；连续可调负载能力强，控制精度高（电压及电流的精度为最大量程的 2.5%，功率为 5%）；工作稳定可靠，稳压、稳流、稳功率状态可以相互转换，以确保使用的安全，具有过载、短路、开路、超限、外壳漏电、过热等保护功能；具有记忆储存功能，记忆储存编辑 9 组 9 步程序，可方便地调用和安排程序。

2. 操作说明

接通电泳仪电源，打开开关，电泳仪显示屏出现使用提示及初始化并鸣叫，进入设置状态。见图 15-4，其中分三个区域，左侧大写 U：I：P：T：为实际值；中间部分显示程序的常设值（预置值），如显示实际值：

U = 100 V

I = 50 mA

P = 50 W

T = 01:00（时、分）

右侧内容为工作模式及工作信息，如 Mode（模式）、STD（标准）、TIME（时间）、VH（伏时）、STEP（分步）。

图 15-4　电泳仪显示屏示意图

（1）工作程序。

样品准备完毕，正确连接电泳管（槽）电极与电泳仪之间的导线（红—正、黑—负），按下电泳仪电源开关，仪器显示欢迎词并鸣响 4 声，显示图 15-4 的界面，然后进行程序设置，方法有三种：

① 设置方法一：键盘输入新的工作程序。

a. 按"模式"键，将工作模式由标准（STD）转为定时（TIME）等其他模式。每按一次"模式"键，工作方式按下列顺序改变：

STD→TIME→VH→STEP→STD

各模式的含义：

STD：到时不关输出；TIME：到时关输出；VH：输出电压与时间的乘积达到设定值时关输出；STEP：输出按步（1~9 步）及模式（定时或伏时）分别设定及执行。

b. 设置 V、I、P、T 参数：

按"选择"键，V、I、P、T 按下列顺序改变：V→I→P→T→V。

设参数 V：按"选择"键，V 反显，按数字键，完成数据输入。

设参数 I：按"选择"键，I 反显，按数字键，完成数据输入。

设参数 P：按"选择"键，P 反显，按数字键，完成数据输入。

设参数 T：按"选择"键，T 反显，按数字键，完成数据输入。

如果输入数值错误，则按"清除"键，再重新输入正确数值。确认各参数无误后，按"确定"保存或"启动"启动仪器输出程序（如果参数设置有问题，自动反显提示有问题的参数）。

显示屏显示"Start!"并蜂鸣 4 声，提醒仪器将输出高电压，注意安全，然后逐渐输出电压设定值。同时显示"Run"及两个闪烁的高压符号，表示端口已输出电压，开始工作。屏上显示实际电压、电流、功率和时间（精确到秒）。如设置正确，显示屏左端 U：有闪烁，表示稳压输出，I:、P：应小于设定值；如 I：或 P：闪烁，说明已有参数达到设定值，限制了 U，证明电泳管（槽）中的样品负载电阻值较小，电泳仪参数设置不当，因此分别反显 V、I、P、T，可直接按"−"或"+"，适当调整 V、I、P、T。

c. 如果需要暂时停止运行，以便处理样品，可以按"停止"键，显示"Stop"并蜂鸣 3 声。要继续运行按"继续"即可；如要从头开始则按"启动"。

d. 仪器自动将此设置存入 M0 内，也可存入 M1 ~ M9 中，以便下次调用。存入 Mn 方法：按"存储"→"n"→"确认"，显示完成存入信息。

e. 工作结束，显示"END"，并连续蜂鸣提醒。此时按任意键均可停止蜂鸣。

② 设置方法二：按"读取"→"确认"键，取出保存在 M0 中的上次工作程序。

③ 设置方法三：按"读取"→"n"→"确认"键，取出保存在 Mn（n=1 ~ 9）中的工作程序，经确认无误后可以启动工作，也可以对此设置进行修改，然后按前面方法操作。

以上说明了仪器稳电压的操作方法和工作过程。如果需要稳电流或稳功率输出，其基本设置方法和操作与稳电压是一致的。

3. 注意事项

① 如果选择了标准模式（STD），则到定时时间后不关输出，只是鸣响提示使用者。

② 仪器工作时任何情况下只能稳 U、I、P 中的一种参数，具体稳何种参数由仪器的设定及负载决定。一般情况下，要稳一个参数，应将另两个设定在安全的上限。

③ U、I、P 三个参数的有效输入范围：

U：5 ~ 3000 V

I：4 ~ 400 mA

P：4 ~ 400 W

若输入数值超出此范围，则显示 U（I 或 P）-data?!表示输入数据有错误，应重新输入。

④ 报警状态：wrong ！

a. 过载：OverLoad ！ 　　　　负载接近短路状态

b. 空载：No Load ！ 　　　　　负载接近开路状态

c. 过热：Over Heat ！ 　　　　仪器在超温状态下工作

d. 超限：Overrun U 　　　　　输出电压超过极限

　　　　Overrun I 　　　　　输出电流超过极限

　　　　Overrun P 　　　　　输出功率超过极限

e. 短路：Short! 　　　　　　　输出端短路

f. 外壳漏电：GND-Leak! 　　　外壳带电

以上故障出现时仪器自动关输出，并鸣响提醒操作者处理。外壳带电（输出电极某一端搭在机壳上，且超过一定电压值时）在 12 s 内恢复正常则输出自动恢复，超过则不再恢复输出，处于暂停状态（stop-Leak）。

⑤ 一般情况下，当出现 "No-Load!" 时，首先应关机检查电极导线与电泳管（槽）之间是否有接触不良的地方，可以用万用表的欧姆挡逐段测量。此类检查应定期做，避免在电泳过程中出现，造成不必要的损失。

⑥ 当电流或功率数值较小时，仪器内部的风扇不工作，只有达到一定值后才工作。如果输出端接多个电泳槽，则仪器显示的电流数值为各槽电流之和（并联）。此时应选择稳压输出，以减小各槽的相互影响。

⑦ 注意保持环境清洁，不要遮挡仪器后方进风通道。严禁将电泳管（槽）放在仪器顶部，避免缓冲液洒进仪器内部。

⑧ 若需清洁面板，请勿使用有机溶剂，可用半湿软布擦拭。

⑨ 本仪器输出电压较高，使用中应避免接触输出回路及电泳槽内部，以免发生危险。

其他事项参见说明书。

16

实验十六　黏度法测定高聚物的分子量

一、实验目的

（1）测定聚乙烯醇的黏均分子量。
（2）掌握用乌氏黏度计测定黏度的方法。

二、预习要求

（1）高分子与低分子的分子量的区别。
（2）黏度 η、η_0、η_{sp}、η_r、$[\eta]$、η_{sp}/C 的意义。
（3）高聚物的黏度与其分子量的关系。
（4）实验操作中应注意的问题。

三、实验原理

在高聚物的研究中，分子量是一个不可缺少的重要数据。因为它不仅反映了高聚物分子的大小，并且直接关系到高聚物的物理性能。但与一般的无机物或低分子有机物不同，高聚物多是分子量不等的混合物，因此通常测得的分子量是一个平均值。高聚物分子量的测定方法很多，比较起来，黏度法设备简单，操作方便，并有较好的实验精度，是常用的方法之一。

高聚物在稀溶液中的黏度是它在流动过程中所存在的内摩擦的反映，这种流动过程中的内摩擦主要有：溶剂分子之间的内摩擦、高聚物分子与溶剂分子间的内摩擦，以及高聚物分子间的内摩擦。其中溶剂分子之间的内摩擦又称为纯溶剂的黏度，以 η_0 表示。三种内摩擦的总和称为高聚物溶液的黏度，以 η 表示。实践证明，在同一温度下，高聚物溶液的黏度一般比纯溶剂的黏度大，即 $\eta>\eta_0$，为了比较这两种黏度，引入增比黏度的概念，以 η_{sp} 表示：

$$\eta_{sp} = \frac{\eta-\eta_0}{\eta_0} = \frac{\eta}{\eta_0}-1 = \eta_r -1 \tag{16-1}$$

式中　η_r——相对黏度，它是溶液黏度与溶剂黏度的比值，反映的是整个溶液黏度的行为；

η_{sp}——增比黏度，反映出扣除了溶剂分子间的内摩擦以后纯溶剂与高聚物分子间以及高聚物分子之间的内摩擦。

显而易见，高聚物溶液的浓度变化，将会直接影响 η_{sp} 的大小，浓度越大，黏度也越大。为此，常常取单位浓度下呈现的黏度来进行比较，从而引入比浓黏度的概念，以 η_{sp}/C 表示；又将 $\ln\eta_r/C$ 定义为比浓对数黏度。因为 η_r 和 η_{sp} 是无因次量，η_{sp}/C 和 $\ln\eta_r/C$ 的单位由浓度 C 的单位决定（$g \cdot cm^{-3}$）。为了进一步消除高聚物分子间内摩擦的作用，当溶液无限稀释，即 $C \to 0$ 时，比浓黏度的极限值为

$$\lim_{C \to 0} \frac{\eta_{sp}}{C} = [\eta] \tag{16-2}$$

$[\eta]$ 主要反映了高聚物分子与溶剂分子之间的内摩擦作用，称为高聚物溶液的特性黏度，其数值可通过作图法得到。根据实验，在足够稀的溶液中有

$$\frac{\eta_{sp}}{C} = [\eta] + k[\eta]^2 C \tag{16-3}$$

$$\frac{\ln\eta_r}{C} = [\eta] - \beta[\eta]^2 C \tag{16-4}$$

以 η_{sp}/C 及 $\ln\eta_r/C$ 对 C 作图，得两条直线，它们在纵坐标轴上交于一点（图 16-1），直线的截距即为 $[\eta]$。为了作图方便，引进相对浓度 C' 的概念，即 $C'=C/C_1$。其中，C 表示溶液的真实浓度，C_1 表示溶液的起始浓度，由图 16-1 可知：

$$[\eta] = A / C_1$$

式中　A——变换后的截距。

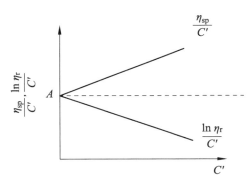

图 16-1　比浓黏度-浓度曲线

由溶液的特性黏度 $[\eta]$ 还无法直接获得高聚物分子量的数据，目前常用的方法是由半经验的麦克（H. Mark）非线性方程来求得：

$$[\eta] = KM^{\alpha} \tag{16-5}$$

式中　M——高聚物的平均分子量;

　　　K、α——常数,与温度、高聚物、溶剂等因素有关,可通过其他方法求得。

　　式(16-5)适用于非支化的、聚合度不太低的高聚物。实验证明,α 值一般在 0.5~1。对聚乙烯醇水溶液,25 ℃ 时,$\alpha=0.76$,$K=2\times10^{-2}$;30 ℃ 时,$\alpha=0.64$,$K=6.66\times10^{-2}$。

　　由上述可以看出,高聚物分子量的测定最后归结为溶液特性黏度[η]的测定。而黏度的测定,在乌氏黏度法中可以按照液体流经毛细管的速度来进行,根据泊塞勒(Poiseuille)公式:

$$\eta = \frac{\pi r^4 t h g \rho}{8lV} \qquad (16\text{-}6)$$

式中　r——毛细管半径;

　　　t——流出时间,s;

　　　h——作用于毛细管中溶液上的平均液柱高度,$h = \frac{1}{2}(h_1 + h_2)$;

　　　g——重力加速度;

　　　ρ——液体密度;

　　　l——毛细管的长度;

　　　V——流经毛细管液体的体积。

　　对于同一支黏度计来说,r、h、t、ι、V 是常数,则由式(16-6)可得:

$$\eta = K\rho t \qquad (16\text{-}7)$$

　　考虑到测定通常是在高聚物的稀溶液中进行,溶液的密度 ρ 与纯溶剂的密度 ρ_0 可视为相等,则溶液的相对黏度可表示为

$$\eta_r = \frac{\eta}{\eta_0} = \frac{K\rho t}{K\rho_0 t_0} \approx \frac{t}{t_0} \qquad (16\text{-}8)$$

　　实验的成败和准确度取决于测量液体所流经的时间的准确度、配制溶液浓度的准确度、恒温槽的恒温程度、安装黏度计的垂直位置的程度以及外界的震动等因素。黏度法测定高聚物分子量时,要注意几点:

　　(1)溶液浓度的选择。随着溶液浓度的增加,聚合物分子链之间的距离逐渐缩短,因而分子链间作用力增大。当溶液浓度超过一定限度时,高聚物溶液的 η_{sp}/C 或者 $\ln\eta_r/C$ 与 C 的关系不成线性。通常选用 $\eta_r=1.2 \sim 2.0$ 的浓度范围。

　　(2)溶剂的选择。高聚物的溶剂有良溶剂和不良溶剂两种。在良溶剂中,高分子线团伸展,链的末端距增大,链段密度减少,溶液的[η]值较大;在不良溶剂中则相反,并且溶解很困难。在选择溶剂时,要注意考虑溶解度、价格、来源、沸点、毒性、分解性和回收等方面的因素。

　　(3)毛细管黏度计的选择。常用毛细管黏度计有乌氏和奥式两种,测分子量选用乌

氏黏度计。

（4）恒温槽。温度波动会直接影响溶液黏度的测定，国家规定黏度法测定分子量的恒温槽温度波动为±0.05 ℃以下。

（5）黏度测定中异常现象的近似处理。在特性黏度测定过程中，有时并非操作不慎，也会出现如图16-2的异常现象。在式（16-3）中的 k 和 η_{sp}/C 值与高聚物的结构和形态有关，而式（16-4）的物理意义不太明确。因此出现异常现象时，应以 η_{sp}/C-C 曲线求得[η]值。

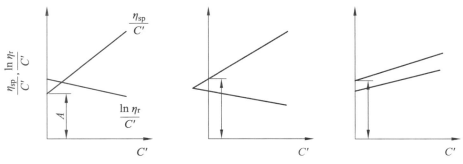

图 16-2　比浓黏度-浓度曲线异常情况

四、仪器和试剂

1. 仪　器

恒温装置	1 套；
乌氏黏度计	1 支；
洗耳球	1 个；
精密电子停表	1 块；
移液管（10 mL）	2 支；
玻璃砂漏斗（3 号）	1 个。

2. 试　剂

聚乙烯醇水溶液（5×10^{-3} g·cm^{-3}）；正丁醇或其他表面活性剂、消泡剂。

五、实验步骤

1. 高聚物溶液的配制

称取 0.5 g 聚乙烯醇粉末，放入 100 mL 的烧杯中，注入 60 mL 左右的蒸馏水，稍加热使溶解。待冷至室温，加入 2 滴正丁醇（去泡剂），并移入 100 mL 容量瓶中，加水至刻度。如果溶液中有固体杂质，用 3 号玻璃砂漏斗过滤后待用。过滤时不能用滤纸，以免纤维混入。

2. 安装黏度计

所用黏度计（图 16-3）必须洁净，有时微量的灰尘、油污等会产生局部的堵塞现象，影响溶液在毛细管中的流速而导致较大的误差。所以，做实验之前，应该彻底洗净黏度计，放在烘箱中干燥。然后在侧管 C 上端套一软胶管，并用夹子夹紧使之不漏气。调节恒温槽至 25 ℃，把黏度计垂直放入恒温槽中，使 1 球完全浸没在水中，放置位置及松紧程度要合适，便于观察液体的流动情况。恒温槽搅拌马达的搅拌速度应调节合适，不致产生剧烈震动，影响测定的结果。

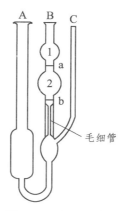

图 16-3　乌氏黏度计

3. 溶剂流出时间 t_0 的测定

用移液管准确移取 10 mL 蒸馏水，由 A（图 16-3）注入黏度计。待恒温后，利用洗耳球由 B 处将溶剂经毛细管吸入球 2 和球 1 中（注意：液体不能吸到洗耳球内），然后移去洗耳球，使管 B 与大气相通，并打开侧管 C 的夹子，让溶剂依靠重力自由流下。当液面达到刻度线 a 时，立刻按停表开始计时；当液面下降到刻度线 b 时，再按停表停止计时，记录溶剂流经毛细管的时间 t_0(s)。重复测定 3 次，每次相差不应超过 0.2 s，取其平均值。如果相差过大，则应检查毛细管有无堵塞现象；察看恒温槽温度是否符合，并且重新测定。

4. 溶液流出时间 t 的测定

待 t_0 测完后，取 10 mL 配制好的聚乙烯醇溶液加入黏度计中，用洗耳球将溶液反复抽吸至球 1 内几次，使混合均匀（聚乙烯醇是一种起泡剂，搅拌抽吸混合时，容易起泡，不易混合均匀。溶液中分散的微小气泡好像杂质微粒，容易局部堵塞毛细管，所以注意抽吸的速度应慢）。测定 $C'=1/2$ 的流出时间 t_1，然后再依次加入 10 mL 蒸馏水，稀释成相对浓度为 1/3、1/4、1/5 的溶液，并按测定 t_1 的方法分别测定流出时间 t_2、t_3、t_4（每个数据重复 3 次，每次相差不超过 0.2 s，取平均值）。

5. 结束实验

实验完毕，黏度计应彻底洗净，洗涤方法为：先由 A 管注入自来水，反复抽洗毛细管 10 次；再注入蒸馏水，反复抽洗毛细管 3 次；然后用少量乙醇抽洗毛细管 2 次，乙醇倒入回收瓶；最后在干燥箱中烘干。为除掉灰尘的影响，所使用的试剂瓶、黏度计、移液管应用塑料薄膜覆盖（切勿用纤维材料）。

六、注意事项

（1）黏度计尽量垂直。

（2）减少震动。

（3）实验过程中毛细管内不能有气泡。气泡的排除可采用物理或化学的方法。物理法是用洗耳球从 B 管缓慢抽吸溶液，至快接近出口时瞬间移去洗耳球，反复几次即可使气泡逐渐破裂。物理法的优点是不会改变溶液浓度，缺点是抽吸溶液所需时间较长，并且有将溶液吸出管外的危险。化学法是从 B 管加 0.5～1 滴正丁醇破泡剂，可迅速除泡；缺点是会一定程度地改变聚乙烯醇溶液的浓度。实验中一般少量气泡常用物理法除去，而当气泡较多时宜用化学法。

七、数据记录和处理

（1）将实验数据记录于表 16-1 中。

（2）作 $\dfrac{\eta_{sp}}{C'}$-C' 图和 $\dfrac{\ln \eta_r}{C'}$-C' 图，并外推至 $C'=0$，从截距 $A=[\eta]\cdot C_1$ 求出 $[\eta]$ 值。

（3）由 $[\eta]=KM^\alpha$ 求出聚乙烯醇的分子量。

表 16-1　测聚乙烯醇的分子量数据记录

		流出时间/s				η_r	η_{sp}	$\dfrac{\eta_{sp}}{C'}$	$\ln \eta_r$	$\dfrac{\ln \eta_r}{C'}$
		测量值			平均值					
		1	2	3						
溶剂					$t_0=$					
溶液	$C'=1/2$				$t_1=$					
	$C'=1/3$				$t_2=$					
	$C'=1/4$				$t_3=$					
	$C'=1/5$				$t_4=$					

八、思考题

（1）特性黏度$[\eta]$是怎样测定的？

（2）为什么$\lim\limits_{C \to 0} \dfrac{\eta_{sp}}{C} = \lim\limits_{C \to 0} \dfrac{\ln \eta_r}{C}$？

九、讨　论

分析实验成功与失败的原因。

实验十七　差热分析技术

一、实验目的

（1）掌握差热分析的基本原理、测量技术以及影响测量准确性的因素。

（2）学会微机差热仪的操作，并测定 $CuSO_4 \cdot 5H_2O$ 脱水的差热曲线。

（3）掌握差热曲线的定量和定性处理方法，对实验结果做出解释。

二、预习要求

（1）理解所用微机差热仪的原理及使用方法。

（2）掌握 $CuSO_4 \cdot 5H_2O(s)$ 脱水的过程和谱图的含义。

三、实验原理

热分析（Thermal Analysis）是在程序控制温度下测量物质的物理性质（如质量、热焓、动态力学性质）与温度关系的一类技术。适用于研究材料和体系的性质、成分、结构、相变、化学反应。如测量材料的熔点、玻璃化转变、晶型转变、液晶转变、晶化温度和动力学、固化过程和动力学、纯度、热稳定性、高分子材料的动态模量、损耗因子和键运动形态等。根据所测物理性质不同，热分析技术可分为几类（表 17-1）。

表 17-1　热分析技术分类

物理性质	技术名称	物理性质	技术名称
质量	热重法（TGA） 导数热重法（DTG） 逸出气检测法（EGD） 逸出气分析法（EGA）	机械特性	机械热分析（TMA） 动态热 机械热
		声学特性	热发声法 热传声法
温度	差热法（DTA）	光学特性	热光学法
焓	差示扫描量热法（DSC）	电学特性	热电学法
尺度	热膨胀（TD）	磁学特性	热磁学法

1. 差热分析的原理

在物质匀速加热或冷却的过程中，当达到特定温度时会发生物理或化学变化。在变化过程中，往往伴随有吸热或放热现象，这样就改变了物质原有的升温或降温速率。差热分析就是利用这一特点，通过测定样品与对热稳定的参比物之间的温度差与时间的关系，来获得有关热力学或热动力学的信息。

目前常用的差热分析仪是将试样与具有较高热稳定性的参比物（如α-Al_2O_3）分别放入两个小坩埚内，置于加热炉中升温。如在升温过程中试样没有热效应，则试样与参比物之间的温度差ΔT为0；而如果试样在某温度下有热效应，则试样温度上升的速率会发生变化，与参比物相比会产生温度差ΔT。把T和ΔT转变为电信号，放大后用双笔记录仪记录下来，分别对时间作图，得ΔT-t和T-t两条曲线。

图 17-1 是理想状况下的差热曲线。图中ab、de、gh分别对应于试样与参比物没有温度差时的情况，称为基线，而bcd和efg分别为差热峰。差热曲线中峰的数目、位置、方向、高度、宽度和面积等均具有一定的意义。比如，峰的数目表示在测温范围内试样发生热效应变化的次数；峰的位置对应于试样发生变化的温度；峰的方向则指示变化是吸热还是放热；峰的面积表示热效应的大小，等等。因此，根据差热曲线的情况可以对试样进行具体分析，得出有关信息。

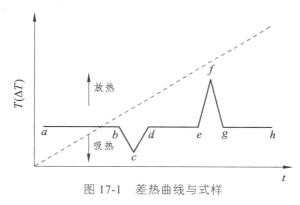

图 17-1　差热曲线与式样

在峰面积的测量中，峰前后基线在一条直线上时，可以按照三角形的方法求算面积。但是更多的时候，基线并不一定和时间轴平行，峰前后的基线也不一定在同一直线上（图17-2）。此时可以按照作切线的方法确定峰的起点、终点和峰面积。另外，还可以采取剪下峰称量，以质量代替面积（即剪纸称量法）。

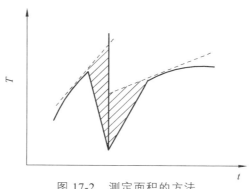

图 17-2　测定面积的方法

2. 影响差热分析的因素

差热分析是一种动态分析技术，影响差热分析结果的因素较多，主要有以下几种：

（1）升温速率。

升温速率对差热曲线有重大影响，常常影响峰的形状、分辨率和峰所对应的温度值。比如，当升温速率较慢时基线漂移较小，分辨率较高，可分辨距离很近的峰，但测定时间相对较长；而升温速率快时，基线漂移严重，分辨率较低，但测试时间较短。

（2）试样。

样品的颗粒一般在200目（74 μm）左右，用量则与热效应和峰间距有关。样品粒度的大小、用量的多少都对分析有着很大的影响，甚至连装样的均匀性也会影响实验的结果。

（3）稀释剂的影响。

稀释剂是指在试样中加入一种与试样不发生任何反应的惰性物质，常常是参比物质。稀释剂的加入使样品与参比物的热容相近，有助于改善基线的稳定性，提高检出灵敏度；但同时也会降低峰的面积。

（4）气氛与压力。

许多物质测定受加热炉中气氛及压力的影响较大，如 $CaC_2O_4 \cdot H_2O$ 在氮气和空气气氛下分解时曲线是不同的。在氮气气氛下 $CaC_2O_4 \cdot H_2O$ 第二步热解时会分解出 CO 气体，产生吸热峰，而在空气气氛下热解时放出的 CO 会被氧化，同时放出热量，呈现放热峰。

3. $CuSO_4 \cdot 5H_2O(s)$ 的热分解

$CuSO_4 \cdot 5H_2O$（s）在加热过程（<700 °C）中会发生失去结晶水的反应，其过程可表示为：

（1）$CuSO_4 \cdot 5H_2O(s) \longrightarrow CuSO_4 \cdot 3.H_2O(s) + 2H_2O(l)$

（2）$H_2O(l) \longrightarrow H_2O(g)$

（3）$CuSO_4 \cdot 3.H_2O(s) \longrightarrow CuSO_4 \cdot H_2O(s) + 2H_2O(g)$

（4）$CuSO_4 \cdot H_2O(s) \longrightarrow CuSO_4(s) + H_2O(g)$

$CuSO_4 \cdot 5H_2O(s)$ 各结晶水脱去的温度分别是：85、115、230 °C。升温速率对分析结果有较大的影响，在其他条件相同的情况下，不同升温速率对其 DTA 曲线的影响见图 17-3。

通常，低升温速率有利于改善分辨率，$CuSO_4 \cdot 5H_2O$（s）的脱水起于90 °C左右，随后液态水汽化。在低速升温时，这两个步骤同时完成，反而使分辨率降低。如果升温速率再继续提高到 32～64 °C/min，可以看到相邻峰的分辨率又会变差，所以要选择适当的升温速度，保证谱图清晰、完整。

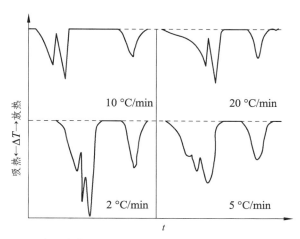

图 17-3　不同升温速率下 $CuSO_4 \cdot 5H_2O$ 脱水的差热分析曲线（DTA）

四、仪器和试剂

1. 仪　器

HCR-1 微机差热仪　　　　　　1 台；
水泵　　　　　　　　　　　　1 台；
氧化铝坩埚　　　　　　　　　2 只；
镊子　　　　　　　　　　　　1 把；
小勺　　　　　　　　　　　　1 把。

2. 试　剂

$CuSO_4 \cdot 5H_2O$（AR）。

五、实验步骤

1. 开机预热仪器

打开差热仪电源，预热 30 min，同时启动水泵的电源，接通循环水，在微机上打开恒久热分析系统。

2. 称　样

在分析天平上准确称量 $CuSO_4 \cdot 5H_2O$（AR）样品 5 mg，装入氧化铝坩埚内，在另一个氧化铝坩埚中装入适量的参比样。

3. 实　验

（1）双手向上抬起仪器的加温炉，到限定高度后逆时针方向旋转到限定位置。放入实验样品，支撑杆的左托盘放参比物（氧化铝空坩埚），右托盘放实验样品坩埚。然后顺时针旋转，放下仪器的加温炉，双手托住缓慢向下放，切勿碰撞支撑杆。

（2）点击"新采集"按钮，在弹出的对话框中填入试样名称、操作员和升温速率设置要求：10 °C/min，起始温度 25 °C，最高升至 400 °C。检查一切准备就绪，开始实验采集数据。在采集过程中请勿使用电话和抖动桌面。

（3）采集数据约需 40 min，实验完成，点击"保存"，以便打开实验曲线进行分析。

（4）显示待分析曲线。

打开 HJ 热分析工具，点击工具栏"打开"按钮 或主菜单"文件"→"打开"，系统自动弹出文件选择对话框。浏览计算机，按存储路径选择需要分析的数据文件，点击"打开"，窗口界面将出现相应实验曲线（图 17-4）。

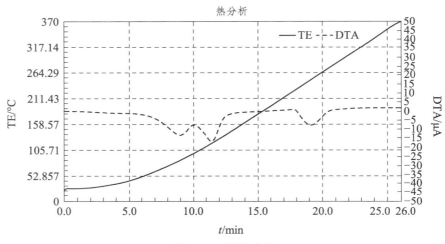

图 17-4　差热曲线

4. 差热曲线（DTA）的分析

DTA 分析包括外推起始温度、拐点温度、外推终止温度、峰宽、峰高、峰值、峰面积、仪器常数、反应热焓。

"数据分析"→"DTA"→"峰区分析参数设置"能选择要分析显示的参数与算法，点击"确定"，更改分析的参数。

选择曲线中放热峰／吸热峰单峰，点击"数据分析"→"DTA"→"峰区分析"，软件自动生成一条红色竖线和水平调整光标，用鼠标单击峰前缘平滑处，松开鼠标左键，生成一条平行于 Y 轴的引出线，同理点击峰后缘，完成峰区分析，软件标示出所选各特征点温度。

差热曲线分析符号的含义如图 17-5 所示：

T_e：外推起点温度，指峰前缘上斜率最大的一点作切线与外延基线的交点；T_i：拐点，峰前缘上斜率最大的一点，此点二阶微分为 0；T_4：拐点，峰后缘上斜率最大的一点，此点二阶微分为 0；T_e：外推终点温度，指峰后缘上斜率最大的一点作切线与外延基线的交点；T_m：峰温，峰顶的温度，一阶微分与零线交点。

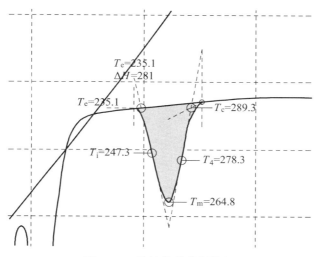

图 17-5　差热曲线分析指标

5. 输出结果

将差热曲线（DTA）分析结果打印出来，导出实验数据。

6. 完成实验

关闭仪器、水泵电源，将坩埚中样品装入回收瓶，把坩埚清洗干净。

说明：

（1）在屏幕上排列分析结果。不管分析单个参数，还是联合分析。左键单击分析值，拖动到合适的位置，释放鼠标左键，分析值移动。

（2）点击"数据分析"→"清除分析结果"→"DTA／全部"即可清除分析结果、填充峰及分析线。

（3）点击工具栏"辅助线"按钮，辅助线可以清除分析时生成的辅助线。

六、注意事项

（1）警告：仪器工作时，禁止用手触摸加热炉体，以防烫伤！

（2）水源要求无杂质（最好使用蒸馏水），以免堵塞冷却系统。

（3）第一次安装热分析软件，需要进行基本参数设定：DTA 通常量程 50 或 100。温度上限设定：1 型 1150 ℃（建议升温到 1100 ℃ 后不要保温）、2 型 1450 ℃（建议升温到 1400 ℃，1250 ℃ 以后，因铑有挥发，会损害加热炉寿命，不要保温），升温速率建议不要超过 40 ℃/min。

（4）样品量一般不超过坩埚容积的 1/3。例如，铜加入过量，铜熔溢出，坩埚和支撑盘被铜焊接到一起。

（5）终止稳定设置，一定要根据样品恰当设置。例如，铟升华后凝结在测温电偶上，导致仪器不能使用。

（6）采集前请检查：

① 冷却水已连接，流量稳定；

② 开启仪器主机预热 30 min；

③ 仪器主机与信号线已连接好；

④ 热分析系统软件是否已经安装完成；

⑤ 支撑杆差热盘左边放空坩埚作为参比物，右边放试样；

⑥ 需要通的气体是否连接；

⑦ 测量样品质量是否准确。

（7）在实验过程中，计算机不要同时上网，请勿用手随意触摸仪器，不在附近使用移动电话，远离磁场。

七、实验结果处理

（1）打开实验曲线，依据实验步骤 4 的方法分析样品的差热曲线特征及结果。

（2）根据导出的实验数据，用坐标纸画出差热曲线，读出各变化峰的峰温，并与文献值比较，注明变化峰是吸热峰还是放热峰，分析误差来源。

（3）样品的各个峰代表什么变化？写出反应方程式。

八、思考题

（1）影响本实验差热分析的主要因素有哪些？

（2）为什么差热峰的指示温度往往不恰好等于物质能发生相变的温度？

附　件

附 1　HCR-1/2 微机差热仪介绍

1. 仪器简介

HCR 系列是北京恒久科学仪器厂根据国际热分析协会制定的热重分析法与差热分析法为理论标准，结合国际技术发展情况，实现全部自主研发、生产，拥有自主知识产权的国内领先的热重法与差热法综合热分析仪器。如图 17-6 所示为 HCR-1 微机差热仪。

差热测量系统：采用哑铃型平板式差热电偶，它检测到的微伏级差热信号送入差热放大器进行放大。差热放大器为直流放大器，它将微伏级的差热信号放大到 0~5 V，送入计算机进行测量采样。

温度测量系统：测温热电偶输出的热电势，先经过热电偶冷端补偿器，补偿器的热敏电阻装在天平主机内。经过冷端补偿的测温电偶热电势由温度放大器进行放大，送入计算机，计算机自动将此热电势的电压（单位：mV）换算成温度（单位：℃）。

图 17-6　HCR-1 微机差热仪

其配套的 HJ 热分析工具软件使用微量样品一次采集即可同步得到温度和差热分析曲线，使采集曲线对应性更好，有助于分析辨别物质热效应机理。对 DTA 曲线进行一次微分计算可得到差热微分曲线，能更清楚地区分相继发生的差热变化反应，精确提供起始反应温度、最大反应速率温度和反应终止温度，方便地为反应动力学计算提供反应速率数据，精确地进行定量分析。

HCR 系列热分析仪器应用范围涉及无机物、有机物、高分子化合物、冶金、地质、电器及电子用品、陶瓷、生物及医学、石油化工、轻工、纺织、农林等领域，应用于物质的鉴定、热力学研究、动力学研究、结构与理化性能关系的研究。广泛应用于科研所、设计院、高等院校等专业实验室和化工安全、矿业等检测部门。

2. 技术参数（表 17-2）

表 17-2　HCR-1/2 微机差热仪的技术参数

DSC 数据	
DSC 测量范围	$\pm 1 \sim \pm 100$ mW
DSC 精度	± 10 μW
温度数据	
温度范围	中 HCR-1：室温−1 150 ℃，HCR-2：室温−1 450 ℃
温度准确度	± 0.1 ℃
升温速率	$0.1 \sim 80$ ℃/min
真空度（仪器本身有真空密封措施）	选配真空机组后可达 2.66^{-2} Pa
气路控制	二路进气，一路出气可气体切换
差热数据	
测量范围	$\pm 10 \sim \pm 1000$ μV
DTA 解析度	0.01 μV
DTA 噪声	< 0.01 μV
坩埚容积	约 0.06 mL 或 0.12 mL

通信方式：RS232 通信接口/USB 数据转换传输线。

样品室气氛环境：氧化、还原、惰性、真空环境（选配气体质量控制系统）。

附2 差热分析法（DTA）

差热分析（DTA）是在程序控制温度下，建立被测量物质和参比物的温度差与温度关系的一种技术。

数学表达式为：

$$\Delta T = T_s - T_r = (T \ \text{或} \ t)$$

式中　T_s，T_r——试样及参比物的温度；

　　　　T——程序温度；

　　　　t——时间。

记录的曲线叫差热曲线或 DTA 曲线。

1. 差热分析仪（DTA）结构原理图

如图 17-7 所示，差热分析仪主要由转换器、记录器和温度控制器三部分组成。用电炉中的试样及参比物支持器间的温差热电偶，把温差信号变为电信号（通常是电压），然后经微伏放大器放大记录。

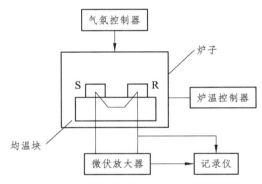

图 17-7　差热分析仪（DTA）结构原理图

2. 影响差热曲线的因素

影响差热曲线的因素比较多，主要有下列几类：

（1）仪器的影响。

为了保证试样侧与参比物侧尽量对称，要求试样支持器和参比物支持器，尤其两者的相应热电偶要尽量相同（包括材质、接点大小、安装位置等），两个坩埚在炉中相对位置也要尽量一致。炉子的均温区尽可能大，升温速率要均匀，恒温控制误差要小。这样，DTA 曲线的基线才能稳定，有利于提高差热分析的灵敏度。

（2）操作条件的影响。

① 升温速率的影响。

升温速率常常影响差热峰的形状、位置和相邻峰的分辨率。升温速率越快，峰形越尖，峰高越高，峰顶温度也越高；但升温速率越快，分辨率越低，有时相邻两个很近的吸热或放热峰，由于升温速率过快，两峰完全重叠。反之，升温速率过慢，则差热峰变圆变低，有时甚至显示不出来。

总之，提高升温速率有利于峰形的改善，但过快的升温速率却又会掩蔽一些峰，并使峰顶的温度值偏高。由此可见，升温速率的快慢要根据试样的性质和量来进行选择。

② 气氛的影响。

不同性质的气氛如氧化性、还原性和惰性气氛对差热曲线的影响是很大的，例如，在空气和氢气的气氛下对镍催化剂进行差热分析，所得到的结果截然不同。在空气中镍催化剂被氧化而产生放热峰，而在氢气下基本上是稳定的。

③ 气氛和压力的影响。

气氛和压力可以影响样品化学反应和物理变化的平衡温度、峰形。因此，必须根据样品的性质选择适当的气氛和压力，有的样品易氧化，可以通入 N_2、Ne 等惰性气体。

对于涉及释放或消耗气体的反应以及升华、气化过程，气氛的压力对相变温度有着较大的影响。

④ 坩埚材料的影响。

在差热分析中所采用的坩埚材料大致有玻璃、铝、陶瓷、刚玉、石英和铂等。坩埚材料在实验过程中要对试样、产物（含中间产物）、气氛等都是惰性的，并且不起催化作用。

一般情况下，坩埚材料可按以下原则来选择：

对于碱性物质，不能使用玻璃、陶瓷类坩埚；含氟的高聚物与硅形成硅的化合物，所以也不能使用这类材料的坩埚。铂具有高温稳定性和抗蚀性，尤其在高温下，往往选用铂坩埚，但应该注意的是它并不适用于含磷、硫和卤素的试样；此外，铂对许多有机、无机反应有催化作用，如果忽略这些，会导致严重的误差。

⑤ 试样的影响。

在差热分析中，试样的热传导性和热扩散性都会对 DTA 曲线产生较大的影响。如果涉及有气体参加或释放气体的反应，还和气体扩散等因素有关。显然这些影响因素与试样的用量、粒度、装填的均匀性和密实程序以及稀释剂等密切相关。

a. 试样用量。

试样量的多少影响差热曲线的形状。试样量越大，差热峰越宽、越圆滑。因为加热过程中，从试样表面到中心存在温度梯度，试样越多，这种梯度越大，差热峰也就越宽，这样将会影响热效应温度值的准确测定，有时甚至会造成相邻热效应的重叠。

另外，对有气体产生的反应，试样多了，影响气体的扩散，也会引起差热峰变宽。

因此，就提高分辨率来说，试量样越少越好。当然，这还取决于仪器的灵敏度。

b. 试样的粒度。

从 $CuSO_4 \cdot 5H_2O$（蓝矾）的脱水生成 $CuSO_4 \cdot H_2O$ 的差热曲线可看出，试样粒度对 DTA 曲线的影响，粒度大（14～18 目），三个峰重叠，区分不出来；粒度适中（52～72 目），三个峰可以明显区分；粒度过小（72～100 目），只出现两个峰。

对一些有气体产生的反应来说，试样粒度适当特别重要；对没有气体参加的反应，粒度的影响较小。

附 3 热分析及其应用

热分析试样用量少，方法灵敏、快速，在较短的时间内可获得需要复杂技术或长期研究才能得到的各种信息。

现阶段，热分析的应用包括：① 冶金行业里铁合金、保护渣检验等生产前期原料控制过程中，热分析已列为控制最终产品质量的重要分析方法之一；② 在我国申报新药中，热分析已列为控制药品质量的重要分析方法之一；③ 在煤炭/焦炭行业，热分析已成为测定产品品级的重要分析手段；④ 在陶瓷行业，热分析仪是主要原料检测仪器。

1. 热分析在药品检验中的应用

目前，发达国家已把热分析方法作为控制药品质量的主要方法。美国药典第 23 版（1995 年版）、英国药典（1993 年版）均收载了热分析方法。

（1）药品熔点的测定。

在药品检验中，药物的熔点是衡量其质量优劣的重要指标。用 DSC 或 DTA 测定，可了解被测样品熔融全过程，可提供有关多晶型、纯度等信息，对那些熔融伴随分解、熔距较长、用毛细管法测定较困难的试品，能取得较理想的结果。

（2）药品多晶型的测定。

在鉴别和描述药物多晶型特征时也会采用热分析法，用热分析方法不但可测定药品多晶型，而且可测得其晶型是否为可塑型或单向转变型。药品多晶型的形成过程复杂，改变温度、湿度、压强等都会引起晶形的转变。用热分析方法，可进行晶形转变的动力学计算，用 Kissinger 方程可计算出活化能和转化速率。

（3）药品溶剂化物、水分的测定。

药品溶剂化物可能是在合成过程中引入了残留溶剂或者在药物纯化中导致的，可直接用 DSC 或 TG 方法进行检测。用热分析方法可测定药物的吸附水、结合水和结晶水，特别是 TG 方法，可定量测定水分或其他挥发物质。

（4）药品的相容性、稳定性测定。

测定药品制剂中的主成分与赋形剂之间是否相容，这是一个长期的稳定性实验课题。用热分析方法，大大加速了这一进程。热分析技术可用于很多反应动力学研究，从而考查药品的稳定性。同时，还可以用于检测药品与赋形剂有无相互化学反应，有无化学吸着、共熔及晶型转变等化学反应。

DTA 和 DSC 可有效地检测到药品与赋形剂之间是否发生化学反应或物理作用。此外，可利用 DTA 和 DSC 技术来绘制相图，测二元组分的熔点。而 TG 热失重法是评价药品热稳定性最直观有效的方法。

综上所述，热分析技术在药品检验中有着广泛的应用。在新药研制、中间体检测、处方最佳配方的选择、药物稳定性的预测、药物质量优劣的评价等方面，起着举足轻重的作用。

2. 热分析在火灾调查中的应用

（1）严重烧毁火场温度的判定。

在火灾调查工作中有时会遇到因火灾发现晚、报警迟、扑救不及时以及自动灭火系统失灵或火灾载荷特别大等原因导致燃烧猛烈、扑救人员难以进入火场，有效扑救难以展开而烧损严重的火场。在严重烧毁的火场中，常见的有重要证明作用的痕迹物证大部分毁灭，给火灾调查造成极大困难。

为顺利展开火灾调查，就要选择那些不易被彻底破坏而有一定证明作用的痕迹物证（如木炭、混凝土构件、金属等）。通过对这些物证进行分析鉴定，发现它们的特征及证明作用，以此为依据判断火场温度，分析火势蔓延方向，确定起火部位，认定火灾原因。

（2）自燃火灾原因的分析和鉴定。

自燃是可燃物在没有外部火源作用下，因受热和自身发热并蓄热而引起的燃烧，分为化学自燃和热自燃。自燃火灾易受环境因素的影响，火灾原因一般较复杂，原因认定难度大。热分析技术可以测定物质在受热作用下的起始放热温度、放热速度及放热量，这些参数是分析与鉴定物质自燃特性的重要依据。因此，可以利用热分析技术对自燃火灾发生的过程和原因进行分析和鉴定。

（3）火场高聚物燃烧残留物种类的鉴定。

当前，各种各样的高分子聚合物材料越来越多地进入人们的生活，而且所占的比例越来越大。在火灾案件中，由高聚物材料如纤维、塑料、涂料、油漆、皮革及各种装饰材料的燃烧而酿成的火灾以及由汽油、煤油、柴油及一些易燃化学品等助燃剂浸渍在天然和合成的高聚物材料中，引起高聚物材料燃烧而酿成的火灾不断增加，造成重大经济损失和人员伤亡。

虽然近年来不少先进的分析技术已成功地运用于火灾物证分析鉴定领域。但由于高聚物的燃烧残留物及吸附、包留在高聚物的燃烧残留物中的微量高沸点难燃的助燃剂重组分都不易挥发，难以用其他常用分析方法来直接进行分析鉴定。

热分析可为分析和鉴定火场高聚物燃烧残留的热行为提供数据或"热指纹"图，利用这些数据或热指纹与相应标准物比较可鉴别高聚物的种类。

3. 热分析在检测铁合金粉化中的应用

以 SiAlFe 合金粉化行为的 DTA 表征*为例说明。

复合脱氧铁合金是钢铁生产中的重要原材料，与单一脱氧剂比较，具有脱氧效果好、形成的氧化物夹杂易于上浮和排除的优点，有利于钢液的净化。近年来，其应用范围与使用数量日益增加。生产实践中发现，某些常用的复合脱氧铁合金如 SiAlFe、SiAlBa、SiBa 等产品，因生产厂家不同或生产工艺的改变，常出现自然粉化的现象，尤其在潮湿环境中，部分产品几天内就粉化，不仅给合金的仓储和运输带来不便，而且严重影响了脱氧剂的使用效果。

目前，关于铁合金粉化问题的研究还缺乏有效的理化性能检测手段。差热分析（DTA）

是材料研究中测定物质的加热（或冷却）时伴随其物理、化学变化的同时所产生热效应的一种方法，能从一定程度上反应物质随温度或环境气氛改变而发生的诸如相转变、吸放热等变化。

SiAlFe 铁合金成分如表 17-3 所示，采用两种不同生产工艺所获得的产品制成测试样品。实验样品质量为 45 mg 左右，升温速率为 10 ℃/min，测量温度范围为室温至 1 400 ℃。实验结果表明，化学成分相同而生产工艺不同的铁合金，其自然粉化行为与差热分析曲线（DTA）明显存在差异。

表 17-3　铁合金的化学成分

铁合金	化学成分/%					
	Al	Si	Fe	P	C	S
SiAlFe	34.51	32.68	23.68	0.024	0.587	0.007

★摘自中国化学会第十三届全国化学热力学和热分析学术会议（论文摘要集），D 类热分析及其应用。

不粉化的 SiAlFe 合金的差热分析（DTA）曲线只有一个吸热峰，峰顶温度为 885.4 ℃；存在粉化现象的 SiAlFe 合金的差热分析（DTA）曲线则有两个吸热峰，峰顶温度分别为 574.6 ℃ 和 883.0 ℃。

本实验结果可为铁合金的粉化问题提供一种检测和研究方法。

18

实验十八　分子结构模拟技术

一、实验目的

（1）熟练使用 ChemOffice 化学工具软件包、Gaussian 计算软件和 UltraEdit 编辑软件。

（2）掌握硝基苯红外光谱的理论计算方法。

二、预习要求

（1）理解分子结构模拟技术的原理，了解密度泛函理论计算中的 B3LYP 方法及基组的概念。

（2）预习本实验附件"分子结构模拟技术"，初步了解本实验中涉及的各款软件的功能及使用方法，理解 Gaussian 软件计算中常用关键词的含义。

（3）掌握硝基苯红外光谱的谱图的含义及计算方法，明确本实验的目的与流程。

三、实验原理

量子化学计算中，密度泛函理论计算通常能给出较好的构型优化及频率计算结果，其中最广泛使用的密度泛函方法为 B3LYP。分子轨道（MO）常采用原子轨道（AO）基函数的线性组合（LCAO-MO），原子轨道（AO）基函数的集合称为基组，常用基组有 STO-3G、3-21G、6-31G、6-31G*和 6-311^{++}G**等（*为加弥散，+为加极化）。为了节约计算时间，方法选取 B3LYP，基组选取 6-31G*。

Gaussian 软件利用分子能量对坐标的二阶导数计算分子的振动频率，可以完成基态、中间体、过渡态以及激发态的振动光谱计算。除了可以计算振动频率及强度外，可同时给出振动零点能、焓、Gibbs 自由能和熵等热力学参量。

频率的计算是以优化构型为前提的，只有对势能面上的稳定点（Stationary point）做频率计算才有意义。势能面上的稳定点（优化构型）是利用分子能量对坐标的一阶导数获得的，它可能是基态分子的优化构型，也可能是过渡态的优化结构。频率计算结果有助于确定势能面上稳定点的类型。基态分子不能有虚频，过渡态有且仅有一个虚频。

四、仪器和软件

1. 仪　器

计算机（普通配置）　　　　1台。

2. 软　件

Gaussian 计算软件、ChemOffice 化学工具软件包和 UltraEdit 编辑软件（各软件主要功能及使用简介参阅附件）。

五、实验步骤

1. 构建分子的初始构型

利用 GaussView 软件可构建分子的初始构型。双击打开 GaussView，绘制好硝基苯分子结构后，将该分子的立体结构存入 nitrobenzene. gjf 文件（图 18-1）。利用 U "%chk = nitrobenzene. chk" 为 Link 0 段落，"#b3lyp/6-31g opt freq" 为计算路径段落，"nitrobenzene opt freq" 为标题段落，标题段落的上下各空一行。"0 1"，是指分子体系所带的电荷以及分子的多重度，分子的坐标为分子中各原子的 x、y 和 z 方向的直角坐标数据。

```
%chk=nitrobenzene.chk
#b3lyp/6-31g  opt freq

nitrobenzene opt freq

0 1
 C                 -1.88766800      0.00000000      0.00000000
 C                 -1.18476800     -1.21087300      0.00000000
 C                  0.21455300     -1.20949300      0.00000000
 C                  0.93203000      0.00000000      0.00000000
 C                  0.21455300      1.20949300      0.00000000
 C                 -1.18476800      1.21087300      0.00000000
 H                 -2.97347700      0.00000000      0.00000000
 H                 -1.72483800     -2.15306400      0.00000000
 H                  0.77107600     -2.14140100      0.00000000
 H                  0.77107600      2.14140100      0.00000000
 H                 -1.72483800      2.15306400      0.00000000
 N                  2.35770000      0.00000000      0.00000000
 O                  3.06034437     -0.00000135      1.16442728
 O                  3.06034437      0.00000135     -1.16442728
```

图 18-1　硝基苯分子的输入文件

2. 构型优化及频率计算

Gaussian 软件允许同时输入多个关键词。本实验中，可同时输入构型优化及频率计算的关键词 "Opt" 和 "Freq"，程序会依次执行构型优化及频率计算。

打开 Gaussian 软件，出现如图 18-2 所示的主程序窗口，点击 "File" 菜单下的 "open"，打开 nitrobenzene. gjf 文件，出现如图 18-3 所示读入 nitrobenzene.gjf 信息的对话框，最后点击 "Run"，出现如图 18-4 所示的窗口，将计算结果文件存为 nitrobenzene.out。计算过程中，主程序窗口不断显示计算进程，当 "Run Progress" 栏内显示 "Processing Complete" 时，表示计算完成，此时在本窗口底部可以看到 "Normal termination of Gaussian. "字段，如图 18-5 所示。完成计算后，关闭 Gaussian 软件窗口。

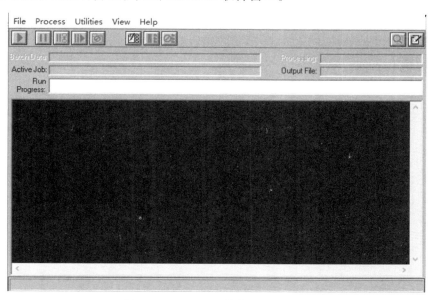

图 18-2　Gaussian 软件主程序窗口

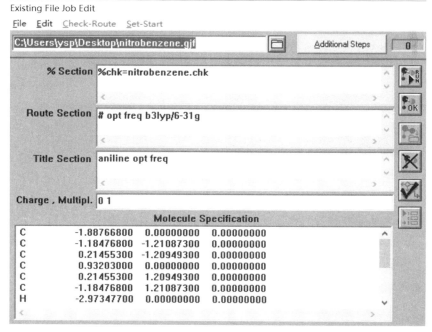

图 18-3　Gaussian 软件读取输入文件后的对话框

图 18-4　Gaussian 软件点击"run"后的对话框

图 18-5　Gaussian 软件计算完成后的对话框

六、实验数据处理

1. 优化构型

用 UltraEdit 编辑软件搜寻 nitrobenzene. out 文件中"Optimization completed"字段，鉴于优化构型为分子势能面上的极低点，故构型的成功优化要求四项"Convergence

Criteria"达"YES"。利用鼠标向前翻页可以看到构型优化过程的自洽迭代细节。

采用 GaussView 软件可观测分子的构型。用 GaussView 软件直接打 Benzaldehyde.out 文件，利用如图 18-6 所示的主窗口中"Builder"菜单下"Modify Bond""Modify Angle"和"Modify Dihdral"工具，借助鼠标即可显示分子中特定键长、键角和二面角的几何参数。记录硝基苯分子中各键长和键角的大小。键长和键角分别取"Å"（1 Å=10^{-10} m）和"°"为单位，有效数字位数分别保留至小数点后 3 位和 1 位。

图 18-6 GaussView 软件主窗口的 Builder 菜单

用 UltraEdit 编辑软件搜寻 nitrobenzene. out 文件中"Optimization completed"字段之后的"Standard orientation"，记录硝基苯分子优化构型的直角坐标数据。查看 nitrobenzene. out 文件中"HF="字段，记录硝基苯分子优化构型下的总能量，能量的单位为 Hartree，有效数字保留 5 位小数。

要求列出硝基苯分子优化构型的直角坐标数据，并画出硝基苯分子的优化构型图，标出各键长和键角。记录硝基苯分子总能量、零点能以及 Gibbs 自由能的理论计算值。

2. 红外光谱

B3LYP/6-31G 水平下的计算可以给出硝基苯分子的 36 个振动模式。用 GaussView 软件打开 nitrobenzene. out 文件，在"Results"菜单下点击"Vibrations"，程序会弹出如图 18-7 所示的"Display Vibrations"窗口，显示 36 个振动频率及其强度数据，用鼠标选择任一频率，点击"Start"，即可观测到该振动频率对应的动态振动方式，点击"Spectrum"，即可观测到如图 18-8 所示的理论计算 IR 谱图（注：该谱图中各振动频率未做校正）。

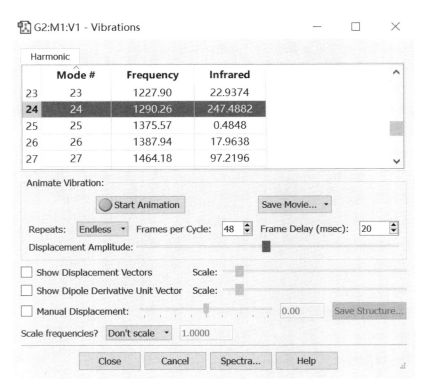

图 18-7　GaussView 软件的 Display Vibrations 窗口

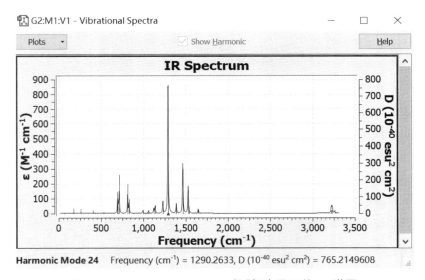

Harmonic Mode 24　Frequency (cm⁻¹) = 1290.2633, D (10⁻⁴⁰ esu² cm²) = 765.2149608

图 18-8　Vibrational Spectra 对话框中显示的 IR 谱图

　　用 UltraEdit 编辑软件查看 nitrobenzene. out 文件中"normal coordinates"字段后的振动频率,可以看到硝基苯分子的 36 个振动模式,其中强度("IR Inten")最大的为 1290 cm⁻¹对应的振动模式,强度值达 247.5。将理论计算红外光谱吸收特征与实验结果(图 18-9)对比,最大的为 1342 cm⁻¹ 对应的振动模式。B3LYP/6-31G 水平下计算所得的频率略低于实验值，可取系数对各振动频率进行校正。要求绘制硝基苯分子的红外吸收光谱图，记录硝基苯分子的红外吸收强度大于 10 的各振动波数及其相应的强度，评价理论计算的准确性。

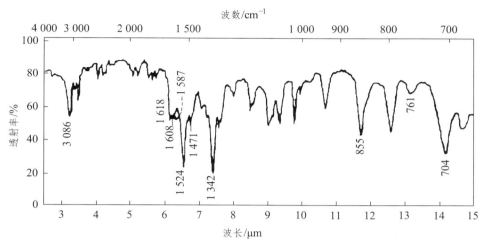

图 18-9　硝基苯分子的实验红外光谱

3. 热力学参量

用 UltraEdit 编辑软件查看 nitrobenzene. out 文件中 "Zero-point correcion=" "Thermal correction to Energy=" "Thermal correction to Enthalpy=" 以及 "Thermal correction to Gibbs Free Energy=" 字段，记录 B3LYP/6-31G 水平下硝基苯分子的零点能、能量、焓以及 Gibbs 自由能的理论计算值。

本实验中计算对象为气相分子，故理论计算获得的红外光谱与实验结果存在一定的差异。分子振动频率的理论计算值通常高于实验值，误差与计算所用的方法和基组有关。文献详细报道了多种计算水平下理论计算 IR 的校正系数。一般来说，密度泛函理论（Density Functional Theory，DFT）通常可以获得比从头计算方法更好的计算结果，但只需中等配置的计算机，因而得到广泛应用。

本实验中计算对象是硝基苯平面分子，具有较好的刚性结构，故可直接采用较大的基组（如 6-31G）优化。实际工作中，许多分子的构型优化通常先从小基组入手，得到小基组下的初步优化构型后再在高基组下进一步优化，得到较好的优化构型后再做频率计算，获得红外光谱图。

七、思考题

（1）如何利用 Gaussian 程序开展分子构型优化及频率计算？

（2）如何利用 GaussView 软件查看和修改分子的几何构型？

（3）如何利用 GaussView 软件开展分子振动分析，获得红外光谱图？

附　件

分子结构模拟技术

1. Gaussian 计算软件

（1）理论背景。

1998 年，波普尔以在量子化学计算方法方面的卓越成就与科恩的密度泛函理论共同获得了诺贝尔化学奖，他们的工作使实验和理论相结合，共同探讨分子体系的性质，使整个化学领域经历了一场革命性变化，化学不再是纯实验科学，标志着量子化学在化学各学科全面应用的开始。

化学体系中微观粒子的运动需用著名的薛定谔（Schrodinger）方程描述，它是一个二阶偏微分方程，该方程的算符形式为：

$$\hat{H}\psi = E\psi$$

式中　ψ，E——体系的状态波函数和能量；

　　　　$\hat{H}$——体系的总能量算符。

求解 Scrödinger 方程能得到分子体系的状态波函数 ψ 和能量 E。根据分子轨道理论，分子体系的状态波函数 ψ 为原子轨道基函数 φ_i（i=1, 2, …）的线性组合，即

$$\Psi = \sum_i c_i \varphi_i$$

原子轨道基函数构成的集合 $\{\varphi_i$（i=1, 2, …）$\}$ 称为基组。常用基组有 STO-3G、3-21G、6-31G、6-31G*和 6-311^{++}G**等，这些基组按上述次序依次增大。通常大基组给出相对较好的计算结果，但需要相对较高的计算成本。实际工作中可根据计算对象的大小、计算机硬件配置以及计算研究目标来合理选取基组。

根据量子力学理论，分子体系的几乎所有性质均可由状态波函数 Ψ 通过进一步的计算得到。但是，由于计算技术上的困难，薛定谔方程的求解一度难以实现。一直到了 20 世纪 80 年代，计算技术的发展和计算机性能的迅速提高，极大地推动了量子化学计算的发展，使量子化学从纯粹的理论研究逐步渗透到化学的各个实用领域。量子化学计算方法大致上可以分为三大类：半经验方法、从头计算法和密度泛函方法。其中，从头计算法和密度泛函方法都不依赖于实验数据，计算工作量较大，对计算机的性能要求也相当高，但计算结果相对精确，通常计算得到的分子电子结构数据可以与实验结果相一致。

（2）Gaussian 程序。

Gaussian 是一个功能强大的量子化学综合软件包，是化学领域功能强大的理论研究工具，有多种版本，如 Gaussian 03、Gaussian 09 和 Gaussian 16 等。其可执行程序可在不同型号的大型计算机、超级计算机、工作站和个人计算机上运行，并相应有不同的版本。高斯功能：过渡态能量和结构、键和反应能量、分子轨道、原子电荷和电势、振动频率、红外和拉曼光谱、核磁性质、极化率和超极化率、热力学性质、反应路径，计算

可以对体系的基态或激发态执行。可以预测周期体系的能量、结构和分子轨道。因此，Gaussian 可以作为功能强大的工具，用于研究许多化学领域的课题，如取代基的影响、化学反应机理、势能曲面和激发能等。常常与 GaussView 连用。

Gaussian 程序可以实现多种功能的计算，由关键词控制计算项目及输出内容。常用关键词列于表 18-1 中。

表 18-1　Gaussian 常见关键词

关键词	用　　途
HF	Hartree-Fock 自洽场模型从头计算
B3LYP	Becke 型 3 参数密度泛函模型，采用 Lee-yang-parr 泛函
MP2	二级 Moller-Plesset 微扰理论
6-31G	一种常用的分裂价基，每个内层 STO 轨道不分裂，各用 6 个 GTO 逼近，每个外层 STO 轨道分裂成 2 部分，分别用 3 个和 1 个 GTO 描述
Opt	优化分子几何模型
Freq	计算分子的振动频率及振动方式，获得 IR 和 Raman 光谱
Pop=Reg	要求较详细的布局分析结果，包括分子轨道系数
SCRF=PCM	采用 Tomasi 的 PCM 模型计算溶剂效应

Gaussian 输出文件通常很大，常用 UltraEdit 编辑软件打开和查阅。下面以硝基苯构型优化为例，简要介绍 Gaussian 计算输出结果。

（1）Gaussian 计算输出文件的第一部分，通常是有关程序严格的版权限制及其警告说明，这里从略。

（2）接着显示计算任务的内容，如图 18-10 所示，表示所用的计算水平为 B3LYP/6-31G，具体计算工作为结构优化，同时显示的还有分子初始构型的输入数据等。

```
%chk=nitrobenzene.chk
Default route:  MaxDisk=2000MB
--------------------
#b3lyp/6-31g opt freq
--------------------
1/14=-1,18=20,26=3,38=1/1,3;
2/9=110,17=6,18=5,40=1/2;
3/5=1,6=6,11=2,16=1,25=1,30=1,74=-5/1,2,3;
4//1;
5/5=2,38=5/2;
6/7=2,8=2,9=2,10=2,28=1/1;
7//1,2,3,16;
1/14=-1,18=20/3(1);
99//99;
2/9=110/2;
3/5=1,6=6,11=2,16=1,25=1,30=1,74=-5/1,2,3;
4/5=5,16=3/1;
5/5=2,38=5/2;
7//1,2,3,16;
1/14=-1,18=20/3(-5);
2/9=110/2;
6/7=2,8=2,9=2,10=2,19=2,28=1/1;
99/9=1/99;
--------------------
nitrobenzene opt freq
--------------------
Symbolic Z-matrix:
Charge =  0 Multiplicity = 1
C                     0.0109   -0.00576  -2.53985
C                     0.59441   1.05832  -1.83902
C                     0.58649   1.0625   -0.43765
```

图 18-10　Gaussian 计算输出文件中初始输入数据及相关信息

（3）程序开始自治场分子轨道计算，经若干个循环后达收敛标准，如图 18-11 所示的 "Converged" 下面出现 4 个 "YES"，表明结构优化任务已经完成。利用鼠标向前翻页可以看到构型优化过程的自洽迭代细节。

```
             Item              Value     Threshold  Converged?
Maximum Force            0.000390    0.000450     YES
RMS     Force            0.000083    0.000300     YES
Maximum Displacement     0.001328    0.001800     YES
RMS     Displacement     0.000422    0.001200     YES
Predicted change in Energy=-8.217938D-07
Optimization completed.
   -- Stationary point found.
```

图 18-11 Gaussian 计算输出文件中有关收敛的信息

输出结果文件中出现 "Optimization completed" 字段后，在 "Standard Orientation" 下的数据即为分子优化构型的直角坐标数据，如图 18-12 所示。

```
                        Standard orientation:
---------------------------------------------------------------------
Center     Atomic      Atomic           Coordinates (Angstroms)
Number     Number      Type         X           Y           Z
---------------------------------------------------------------------
   1          6           0      -2.525296    0.000000    0.000091
   2          6           0      -1.827467   -1.215643    0.000033
   3          6           0      -0.431060   -1.223641   -0.000081
   4          6           0       0.243184    0.000000   -0.000141
   5          6           0      -0.431060    1.223641   -0.000081
   6          6           0      -1.827467    1.215643    0.000033
   7          1           0      -3.610276    0.000000    0.000180
   8          1           0      -2.368514   -2.155386    0.000078
   9          1           0       0.135271   -2.145574   -0.000128
  10          1           0       0.135271    2.145574   -0.000128
  11          1           0      -2.368514    2.155386    0.000078
  12          7           0       1.710629    0.000000   -0.000265
  13          8           0       2.306085   -1.115314    0.000166
  14          8           0       2.306085    1.115314    0.000166
---------------------------------------------------------------------
```

图 18-12 Gaussian 计算输出文件中优化构型的直角坐标数据

（4）接下来输出的是图 18-13 所示的分子轨道能级及图 18-14 所示的分子中各原子净（Mulliken）电荷分布。

```
Alpha  occ. eigenvalues --  -19.18748 -19.18742 -14.56485 -10.26307 -10.22528
Alpha  occ. eigenvalues --  -10.22527 -10.22412 -10.22089 -10.22087  -1.22721
Alpha  occ. eigenvalues --   -1.05663  -0.90317  -0.82110  -0.78741  -0.71474
Alpha  occ. eigenvalues --   -0.64393  -0.60642  -0.56602  -0.53258  -0.51816
Alpha  occ. eigenvalues --   -0.51171  -0.47621  -0.47567  -0.45944  -0.39799
Alpha  occ. eigenvalues --   -0.39798  -0.38011  -0.31048  -0.30791  -0.29440
Alpha  occ. eigenvalues --   -0.28959  -0.28472
Alpha virt. eigenvalues --   -0.10676  -0.03111  -0.00929   0.07084   0.12353
Alpha virt. eigenvalues --    0.12478   0.13272   0.16215   0.17359   0.17423
Alpha virt. eigenvalues --    0.23102   0.24870   0.26581   0.27551   0.32121
Alpha virt. eigenvalues --    0.35571   0.46423   0.48922   0.48993   0.54731
Alpha virt. eigenvalues --    0.55625   0.56611   0.57717   0.58529   0.59688
Alpha virt. eigenvalues --    0.61936   0.62403   0.63177   0.63534   0.64092
Alpha virt. eigenvalues --    0.71681   0.73161   0.76532   0.81726   0.82216
Alpha virt. eigenvalues --    0.84469   0.86414   0.88296   0.89634   0.91520
Alpha virt. eigenvalues --    0.94376   0.94629   0.99108   0.99233   1.01109
Alpha virt. eigenvalues --    1.05353   1.10073   1.10270   1.13759   1.15245
Alpha virt. eigenvalues --    1.18881   1.22971   1.36546   1.41335   1.48125
Alpha virt. eigenvalues --    1.55825   1.65640   1.83433   1.89312
```

图 18-13 Gaussian 计算输出文件中分子轨道能级的计算结果

```
Mulliken atomic charges:
            1
     1  C  -0.094548
     2  C  -0.145053
     3  C  -0.105098
     4  C   0.303734
     5  C  -0.105098
     6  C  -0.145053
     7  H   0.146561
     8  H   0.148373
     9  H   0.187568
    10  H   0.187568
    11  H   0.148373
    12  N   0.055058
    13  O  -0.291193
    14  O  -0.291193
```

图 18-14　Gaussian 计算输出文件中分子中各原子净（Mulliken）电荷分布

（5）接着显示的是如图 18-15 所示的偶极矩的计算结果。

```
Dipole moment (field-independent basis, Debye):
    X=    -5.1469   Y=     0.0000   Z=    -0.0007  Tot=      5.1469
Quadrupole moment (field-independent basis, Debye-Ang):
   XX=   -55.5142  YY=   -47.9057  ZZ=   -52.2921
   XY=     0.0000  XZ=    -0.0024  YZ=     0.0000
Traceless Quadrupole moment (field-independent basis, Debye-Ang):
   XX=    -3.6102  YY=     3.9983  ZZ=    -0.3881
   XY=     0.0000  XZ=    -0.0024  YZ=     0.0000
Octapole moment (field-independent basis, Debye-Ang**2):
  XXX=   -32.9043 YYY=     0.0000 ZZZ=     0.0011 XYY=     -9.5161
  XXY=     0.0000 XXZ=    -0.0021 XZZ=    12.2154 YZZ=      0.0000
  YYZ=    -0.0002 XYZ=     0.0000
Hexadecapole moment (field-independent basis, Debye-Ang**3):
 XXXX= -1003.0260 YYYY=  -348.5356 ZZZZ=   -49.0858 XXXY=       0.0000
 XXXZ=    -0.0143 YYYX=     0.0000 YYYZ=     0.0000 ZZZX=       0.0025
 ZZZY=     0.0000 XXYY=  -235.0402 XXZZ=  -179.5977 YYZZ=     -76.1618
 XXYZ=     0.0000 YYXZ=    -0.0008 ZZXY=     0.0000
```

图 18-15　Gaussian 计算输出文件中分子偶极矩的计算结果

（6）文件输出的最后一部分如图 18-16 所示。可以看到该算例中，硝基苯分子总能量为-152.055249 Hartree，计算所用机时为 4 min 25 s。最后一行 "Normal termination of Gaussian." 表明计算成功完成。

```
|H,-1.0394517244,-1.8769918804,0.1350024854|H,-1.0299198037,-1.8931249
658,-2.3687315115|N,-0.0098663557,0.0052162642,1.7105925467|O,0.527031
0787,0.9827196011,2.3061768342|O,-0.5527173274,-0.9691619893,2.3059010
415||Version=x86-Win32-G03RevB.03|State=1-A|HF=-436.6185603|RMSD=6.496
e-009|RMSF=1.690e-004|Dipole=0.011161,-0.0058879,-2.0249212|PG=C01 [X(
C6H5N1O2)]|||@


THE MORE POWERFUL THE METHOD, THE MORE CATASTROPHIC THE ERRORS.
  -- M.D. KAMEN
Job cpu time:  0 days  0 hours  4 minutes 25.0 seconds.
File lengths (MBytes):  RWF=      16 Int=      0 D2E=      0 Chk=    5 Scr=    1
Normal termination of Gaussian 03 at Wed Dec 23 14:51:52 2020.
```

图 18-16　Gaussian 计算输出文件的最后部分

2. GaussView 软件

GaussView 是由美国的 Gaussian 公司开发的 Gaussian 软件的图形用户界面，用于观察分子、设置和提交 Gaussian 计算任务以及显示 Gaussian 计算结果。

打开 GaussView 软件，即可弹出如图 18-17 所示 GaussView 软件的主界面。在 "File"

菜单下，点击"New"，然后利用"View"菜单下的"Bulider"工具，即可简单快速地构造分子，可以使用原子、环、基团和氨基酸等结构，具有自动加氢功能。在"File"菜单下，点击"Open"，可打开多种格式的文件，如 Gaussian 计算中的*.gjf 和*.out 文件。

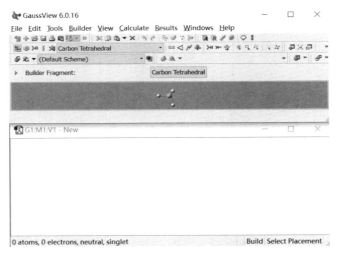

图 18-17　Gauss View 软件的起始界面

GaussVian 软件最重要的用途是显示 Gaussian 的计算结果，包括优化的结构、分子轨道、振动频率的简正模式、原子电荷、电子密度曲面和静电势曲面等信息。显示的具体内容取决于 Gaussian 计算的输出文件。

四种显示模式（线形、管形、球棍以及连接球）显示分子结构。利用主窗口中"Builder"菜单下"Modify Bond""Modify Angle"和"Modify Dihedral"工具，如图 18-18 所示，借助鼠标即可显示分子中特定键长（图 18-19）、键角和二面角的几何参数。利用鼠标拖动（中部的）标杆，可以改变选定键长、键角或二面角的几何参数，快速实现对分子结构的修改。

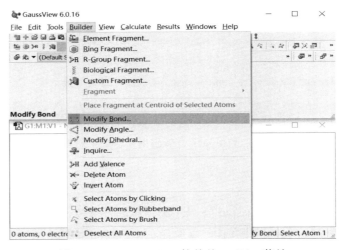

图 18-18　Gauss View 软件的 Builder 菜单

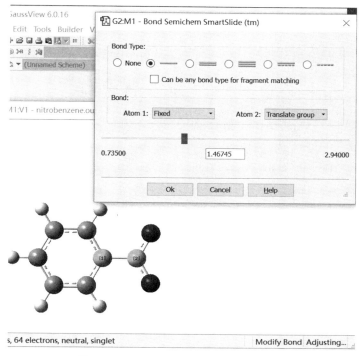

图 18-19 Gauss View 软件的显示键长

打开已完成频率计算的 Gaussian 输出结果*. out 文件，下拉"Results"菜单，点击"Vibrations"，会出现一个显示各振动频率及强度数据的窗口，如图 18-7 所示。用鼠标选择某个振动频率，点击"Start"，则可直观地观测到该振动频率对应的振动模式，点击"Infrared"，可以观测到按大小顺序依次排列的各振动频率，点击"Spetrum"，则可显示如图 18-8 所示的理论计算红外光谱图（注：振动频率未做校正）。

3. ChemDraw 软件

ChemDraw 是国际上最受欢迎的化学结构绘图软件。ChemOffice 是美国剑桥软件公司开发的、世界上应用最广泛的化学工具软件包，包括 ChemDraw、Chem3D 和 ChemFinder 等软件，此外还加入了 MOPAC、Gaussian 和 GAMESS 等量子化学软件的界面。

（1）ChemDraw 软件基本操作。

打开 ChemDraw 软件，在"View"菜单下，点击"Show main tools"，即可弹出绘制分子结构的工具，如图 18-20 所示。其图形工具板的介绍见图 18-21。点击"A"，即可书写原子符号，常用结构可用工具栏下部的快捷图形键获得。在 GaussView6.0 中打开*. out 文件，出现的图就是优化过后的结构。调整好图形的位置和大小，然后打开抓图软件 SmartCapture，将调整好的图形进行复制，在"Edit/Insert Object"打开 Microsoft Word 图片，将复制的图形粘贴进去，点击 word 图片右上角的小黑叉，退出 word 图片后在 ChemDraw 中就得到了清晰的图形，再标上键长和键角。绘制好分子结构图之后，点击"File"菜单下的"Save as"，即可保存多种格式的文件。

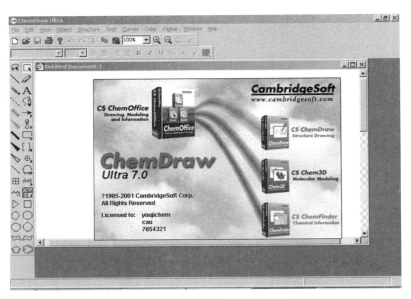

图 18-20　ChemDraw 软件的起始界面

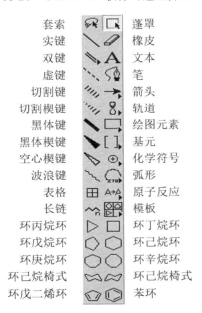

套索	蓬罩
实键	橡皮
双键	文本
虚键	笔
切割键	箭头
切割楔键	轨道
黑体键	绘图元素
黑体楔键	基元
空心楔键	化学符号
波浪键	弧形
表格	原子反应
长链	模板
环丙烷环	环丁烷环
环戊烷环	环己烷环
环庚烷环	环辛烷环
环己烷椅式	环己烷椅式
环戊二烯环	苯环

图 18-21　图形工具板简介

参考文献

[1] 复旦大学,等. 物理化学实验[M]. 北京: 高等教育出版社, 2004.

[2] 淮阴师范学院化学系. 物理化学实验[M]. 北京: 高等教育出版社, 2003.

[3] 孙尔康, 徐维清, 邱金恒. 物理化学实验[M]. 南京: 南京大学出版社, 1998.

[4] 北京大学化学学院物理化学实验教学组. 物理化学实验[M]. 北京: 北京大学出版社, 2002.

[5] 唐敖庆. 量子化学[M]. 北京: 科学出版社, 1982.

[6] 刘勇健, 孙康. 物理化学实验[M]. 徐州: 中国矿业大学出版社, 2005.

[7] 孙尔康, 张剑荣, 等. 物理化学实验[M]. 南京: 南京大学出版社, 2009.

[8] 博献彩, 沈文霞, 姚天扬. 物理化学[M]. 5 版. 北京: 高等教育出版社, 2006.

[9] 沈文霞. 物理化学核心教程[M]. 北京: 科学出版社, 2009.

[10] 王正烈, 周亚平. 物理化学[M]. 5 版. 北京: 高等教育出版社, 2006.

[11] 印永嘉. 物理化学[M]. 3 版. 北京: 高等教育出版社, 2000.

[12] 孙尔康, 张剑荣. 物理化学实验[M]. 南京: 南京大学出版社, 2009.

[13] 东北师范大学. 物理化学实验[M]. 3 版. 北京: 高等教育出版社, 2014.

[14] 北京大学化学与分子工程学院物理化学教研室. 物理化学实验[M]. 4 版. 北京: 北京大学出版社, 2002.

[15] 广西师范大学, 等. 物理化学实验[M]. 桂林: 广西师范大学出版社, 1987.

[16] 罗澄源, 等. 物理化学实验[M]. 3 版. 北京: 高等教育出版社, 1998.

[17] 陈镜泓, 李传汝. 热分析及其应用[M]. 北京: 科学出版社, 1985.

附　录

附录 A　基础知识和技术

一、温度测量及控制

（一）水银温度计

水银温度计是实验室常用的温度计。它的结构简单，价格低廉，具有较高的精确度，直接读数，使用方便；但是易损坏，损坏后无法修理。水银温度计适用范围为 238.15~633.15 K（水银的熔点为 234.45 K，沸点为 629.85 K），如果用石英玻璃做管壁，充入氮气或氩气，最高使用温度可达到 1 073.15 K。常用的水银温度计刻度间隔有：2 K、1 K、0.5 K、0.2 K、0.1 K 等，与温度计的量程有关，可根据测定精度选用。

水银温度计的种类和使用范围：

（1）一般使用–5 ~ 105 ℃、150 ℃、250 ℃、360 ℃ 等，每分度 1 ℃ 或 0.5 ℃。

（2）供量热学使用有 9 ~ 15 ℃、12 ~ 18 ℃、15 ~ 21 ℃、18 ~ 24 ℃、20 ~ 30 ℃ 等，每分度 0.01 ℃。

（3）测温差的贝克曼（Beckmann）温度计，是一种移液式的内标温度计，测量范围 –20 ~ +150 ℃，专用于测量温差。

（4）电接点温度计，可以在某一温度点上接通或断开，与电子继电器等装置配套，可以用来控制温度。

（5）分段温度计，从–10 ~ 220 ℃，共有 23 只。每支温度范围 10 ℃，每分度 0.1 ℃；另外有–40 ~ 400 ℃，每隔 50 ℃ 1 只，每分度 0.1 ℃。

使用时应注意以下几点：

1. 读数校正

（1）以纯物质的熔点或沸点作为标准进行校正。

（2）以标准水银温度计为标准，与待校正的温度计同时测定某一体系的温度，将对应值——记录，作出校正曲线。

标准水银温度计由多支温度计组成，各支温度计的测量范围不同，交叉组成−10～360 °C 范围，每支都经过计量部门的鉴定，读数准确。

2. 露茎校正

水银温度计有"全浸"和"非全浸"两种。非全浸式水银温度计常刻有校正时浸入量的刻度，在使用时若室温和浸入量均与校正时一致，所示温度是正确的。

全浸式水银温度计使用时应当全部浸入被测体系中，如图 A1 所示，达到热平衡后才能读数。全浸式水银温度计如不能全部浸没在被测体系中，则因露出部分与体系温度不同，必然存在读数误差，因此必须进行校正。这种校正称为露茎校正。如图 A2 所示，校正公式为：

$$\Delta t = \frac{kn}{1-kn}(t_{读} - t_{环})$$

式中　　Δt——读数校正值，$\Delta t = t_{实} - t_{读}$；

$t_{实}$——温度的正确值；

$t_{读}$——温度计的读数值；

$t_{环}$——露出待测体系外水银柱的有效温度（从放置在露出一半位置处的另一支辅助温度计读出）；

n——露出待测体系外部的水银柱长度，称为露茎高度，以温度差值表示；

k——水银对于玻璃的膨胀系数，温度单位使用摄氏度时，$k = 0.000\ 16$。

上式中 $kn \ll 1-kn$，所以 $\Delta t \approx kn(t_{读} - t_{环})$。

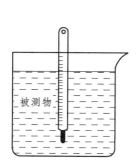

图 A1　全浸式水银温度计的使用

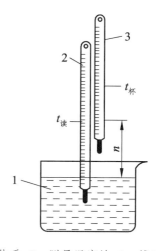

1—被测体系；2—测量温度计；3—辅助温度计。

图 A2　温度计露茎校正

（二）贝克曼（Beckmann）温度计

贝克曼温度计是精确测量温差的温度计。

1. 主要特点

（1）它的最小刻度为 0.01 ℃，用放大镜可以读准到 0.002 ℃，测量精度较高；还有一种最小刻度为 0.002 ℃，可以估计读准到 0.0004 ℃。

（2）一般只有 5 ℃ 量程，0.002 ℃ 刻度的贝克曼温度计量程只有 1 ℃。为了使用于不同用途，其刻度方式有两种：一种是 0 ℃ 刻在下端，另一种是 0 ℃ 刻在上端。

（3）其结构（图 A3）与普通温度计不同，在它的毛细管 B 上端，加装了一个水银储槽 D，用来调节水银球 A 中的水银量。因此虽然量程只有 5 ℃，却可以在不同范围内使用。一般可以在 -6 ~ 120 ℃ 使用。

（4）由于水银球 A 中的水银量是可变的，因此水银柱的刻度值不是温度的绝对值，只是在量程范围内的温度变化值。

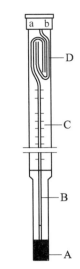

a—最高刻度；b—毛细管末端；
A—水银球；B—毛细管；
C—温度标尺；D—水银储槽。

图 A3　贝克曼温度计

2. 使用方法

首先根据实验的要求确定选用哪一类型的贝克曼温度计。使用时需经过以下步骤：

（1）测定贝克曼温度计的 R 值

贝克曼温度计最上部刻度处 a 到毛细管末端 b 处所相当的温度值称为 R 值。将贝克曼温度计与一支普通温度计（最小刻度 0.1 ℃）同时插入盛水或其他液体的烧杯中加热，贝克曼温度计的水银柱就会上升，由普通温度计读出从 a 到 b 段相当的温度值，称为 R 值。一般取几次测量值的平均值。

（2）水银球 A 中水银量的调节

在使用贝克曼温度计时，首先应当将它插入一杯与待测体系温度相同的水中，达到热平衡以后，如果毛细管内水银面在所要求的合适刻度附近，说明水银球 A 中的水银量合适，不必进行调节；否则，应当调节水银球中的水银量。若球内水银过多，毛细管水银量超过 b 点，应当左手握贝克曼温度计中部，将温度计倒置，右手轻击左手手腕，使水银储槽 D 内水银与 b 点处水银相连接，再将温度计轻轻倒转放置在温度为 t' 的水中，平衡后用左手握住温度计的顶部，迅速取出，离开水面和实验台，立即用右手轻击左手手腕，使水银储槽 D 内水银在 b 点处断开。此步骤要特别小心，切勿使温度计与硬物碰撞，以免损坏温度计。温度 t' 的选择可以按照下式计算：

$$t' = t + R + (5 - x)$$

式中　t——实验温度；

　　　　x——t 时贝克曼温度计的设定读数。

若水银球 A 中的水银量过少时，左手握住贝克曼温度计中部，将温度计倒置，右手轻击左手腕，水银就会在毛细管中向下流动，待水银储槽 D 内水银与 b 点处水银相接后，再按上述方法调节。

调节后，将贝克曼温度计放在实验温度 $t\,°C$ 的水中，观察温度计水银柱是否在所要求的刻度 x 附近，如相差太大，应重新调节。

3. 注意事项

（1）贝克曼温度计由薄玻璃组成，易被损坏，一般只能放置三处：安装在使用仪器上；放在温度计盒内；握在手中。不能随意放置在其他地方。

（2）调节时，应当注意防止骤冷或骤热，还应避免重击。

（3）已经调节好的温度计，注意不要使毛细管中水银再与 D 管中水银相连接。

（4）使用夹子固定温度计时，必须垫有橡胶垫，不能用铁夹直接夹温度计。

（三）电阻温度计

电阻温度计是利用物质的电阻随温度变化的特性制成的测温仪器。任何物体的电阻都与温度有关，因此都可以用来测量温度。但是，能满足实际要求的并不多。在实际应用中，不仅要求有较高的灵敏度，而且要求有较高的稳定性和重现性。目前，按感温元件的材料来分有金属导体和半导体两大类。金属导体有铂、铜、镍、铁和铑铁合金。目前大量使用的材料为铂、铜和镍。铂制成的为铂电阻温度计，铜制成的为铜电阻温度计，都属于定型产品。半导体有锗、碳和热敏电阻（氧化物）等。

1. 铂电阻温度计

铂容易提纯，化学稳定性高，电阻温度系数稳定且重现性很好。所以，铂电阻与专用精密电桥或电位差计组成的铂电阻温度计，有极高的精确度，被选定为 13.81 K（–259.34 ℃）~903.89 K（630.74 ℃）温度范围的标准温度计。

铂电阻温度计用的纯铂丝，必须经 933.35 K（660 ℃）退火处理，绕在交叉的云母片上，密封在硬质玻璃管中，内充干燥的氦气，成为感温元件，用电桥法测定铂丝电阻。

在 273 K 时，铂电阻每欧姆温度系数大约为 0.003 92 $\Omega \cdot K^{-1}$。此温度下电阻为 25 Ω 的铂电阻温度计，温度系数大约为 0.1 $\Omega \cdot K^{-1}$，欲使所测温度能准确到 0.001 K，测得的电阻值必须精确到±10^{-4} Ω 以内。

2. 热敏电阻温度计

热敏电阻的电阻值会随着温度的变化而发生显著的变化，它是一个对温度变化极其敏感的元件。它对温度的灵敏度比铂电阻、热电偶等其他感温元件高得多。目前，常用的热敏电阻由金属氧化物半导体材料制成，能直接将温度变化转换成电性能，如电压或电流的变化，测量电性能变化就可得到温度变化结果。

热敏电阻与温度之间并非线性关系，但当测量温度范围较小时，可近似为线性关系。实验证明，其测定温差的精度足以和贝克曼温度计相比，而且还具有热容量小、响应快、便于自动记录等优点。根据电阻-温度特性可将热敏电阻器分为两类：

（1）有正温度系数的热敏电阻器（Positive Temperature Coefficient，PTC）。

（2）有负温度系数的热敏电阻器（Negative Temperature Coefficient，NTC）。

热敏电阻器可以做成各种形状，图 A4 是珠形热敏电阻器的构造示意图。在实验中可将其作为电桥的一臂，其余三臂为纯电阻（图 A5）。其中 R_1、R_2 是固定电阻，R_3 是可变电阻，R_T 为热敏电阻，E 为电源。当在某一温度下将电桥调节平衡，记录仪中无电压信号输入，当温度发生变化时，记录笔记录下电压变化，只要标定出记录笔对应单位温度变化时的走纸距离，就能很容易地求得所测温度。实验时应避免热敏电阻的引线受潮漏电，否则将影响测量结果和记录仪的稳定性。

A—用热敏材料制作的热敏元；B—引线；C—壳体。

图 A4　珠形热敏电阻器示意图

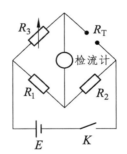

图 A5　热敏电阻测温示意图

（四）热电偶温度计

两种不同金属导体构成一个闭合线路，如果连接点温度不同，回路中将会产生一个与温差有关的电势，称为温差电势。这样的一对金属导体称为热电偶，可以利用其温差电势测定温度。热电偶根据材质可分为廉价金属、贵金属、难熔金属和非金属四种。其具体材质、对应组成、使用温度及热电势系数见表 A1。

热电偶的两根材质不同的电偶丝，需要在氧焰或电弧中熔接。为了避免短路，需将电偶丝穿在绝缘套管中。

表 A1　热电偶基本参数

热电偶类别	材质及组成	新分度号	旧分度号	使用范围/°C	热电势系数/mV·K^{-1}
廉价金属	铁-康铜（$CuNi_{40}$）	T	FK	$0 \sim +800$	0.0540
	铜-康铜		CK	$-200 \sim +300$	0.0428
	镍铬$_{10}$-考铜（$CuNi_{43}$）	K	EA-2	$0 \sim +800$	0.0695
	镍铬-考铜		NK	$0 \sim +800$	
	镍铬-镍硅		EU-2	$0 \sim +1300$	0.0410
	镍铬-镍铝（$NiAl_2SiMg_2$）	S		$0 \sim +1100$	0.0410
贵金属	铂-铂铑$_{10}$	B	LB-3	$0 \sim +1600$	0.0064
	铂铑$_{30}$-铂铑$_6$		LL-2	$0 \sim +1800$	0.00034
难熔金属	钨铼$_5$-钨铼$_{20}$		WR	$0 \sim +200$	

　　使用时一般将热电偶的一个接点放在待测物体中（热端），而将另一端放在储有冰水的保温瓶中（冷端），这样可以保持冷端的温度恒定（图 A6）。

　　为了提高测量精度，需使温差电势增大，为此可将几支热电偶串联（图 A7），称为热电堆。热电堆的温差电势等于各个热电偶温差电势之和。

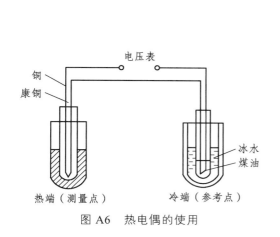

图 A6　热电偶的使用　　　　图 A7　电偶的五对互连

　　温差电势可以用直流电压表、电位差计或数字电压表测量。热电偶是良好的温度变换器，可以直接将温度参数转换成电参量，可自动记录和实现复杂的数据处理、控制，这是水银温度计无法比拟的。

（五）温度控制

　　物质的物理化学性质，如黏度、密度、蒸气压、表面张力、折光率等都随温度而改变，要测定这些性质必须在恒温条件下进行。一些物理化学常数如平衡常数、化学反应速率常数等也与温度有关，这些常数的测定也需恒温，因此，掌握恒温技术非常必要。

　　恒温控制可分为两类，一类是利用物质的相变点温度来获得恒温，但温度的选择受到很大限制；另外一类是利用电子调节系统进行温度控制，此方法控温范围宽，可以任意调节设定温度。

恒温槽是实验工作中常用的一种以液体为介质的恒温装置，根据温度控制范围，可用以下液体介质：-60~30 ℃用乙醇或乙醇水溶液；0~90 ℃用水；80~160 ℃用甘油或甘油水溶液；70~300 ℃用液体石蜡、汽缸润滑油、硅油。

恒温槽是由浴槽、电接点温度计、继电器、加热器、搅拌器和温度计组成，具体装置示意图见图 A8。继电器必须和电接点温度计、加热器配套使用。电接点温度计是一支可以导电的特殊温度计，又称为导电表。图 A9 是它的结构示意图。它有两个电极，一个固定与底部的水银球相连，另一个可调电极 D 是金属丝，由上部伸入毛细管内。顶端有一磁铁，可以旋转螺旋丝杆，用以调节金属丝的高低位置，从而调节设定温度。当温度升高时，毛细管中水银柱上升与一金属丝接触，两电极导通，使继电器线圈中电流断开，加热器停止加热；当温度降低时，水银柱与金属丝断开，继电器线圈通过电流，使加热器线路接通，温度又回升。如此不断反复，使恒温槽温度控制在一个微小的区间波动，被测体系的温度也就限制在一个相应的微小区间内，从而达到恒温的目的。随着电子、自控技术的进步，由新型感温、控温元件组成的恒温槽越来越多，有逐渐取代它的趋势，但基本原理相同。

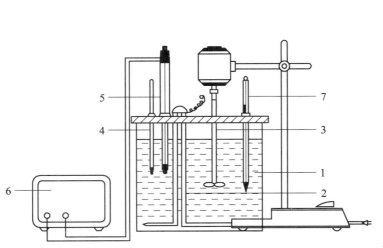

1—浴槽；2—加热器；3—搅拌器；4—温度计；
5—电接点温度计（感温元件）；6—继电器；7—贝克曼温度计。

图 A8　恒温槽装置示意图

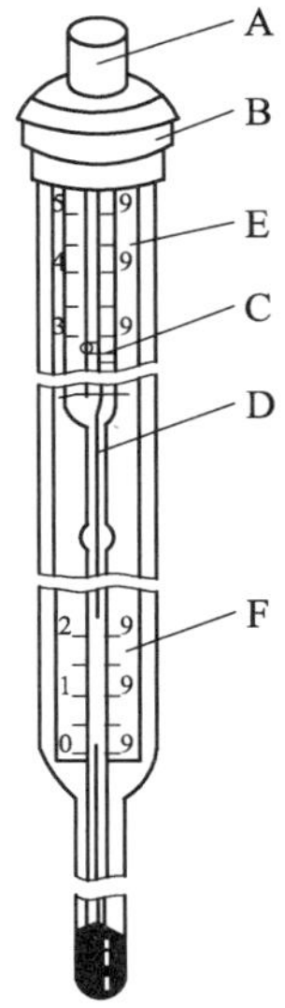

A—磁性螺旋调节器；B—电极引出线；C—指标螺母；D—可调电极；E—上标尺；F—下标尺。

图 A9　电接点温度计

恒温槽的温度控制装置属于"通""断"类型，当加热器接通后，恒温介质温度上升，热量的传递使水银温度计中的水银柱上升。但热量的传递需要时间，因此常出现温度传递的滞后，往往是加热器附近介质的温度超过设定温度，所以恒温槽的温度超过设定温度。同理，降温时也会出现滞后现象。由此可知，恒温槽控制的温度有一个波动范围，并不是控制在某一固定不变的温度。控温效果可以用灵敏度 t_E 表示：

$$t_E = \pm \frac{t_1 - t_2}{2}$$

式中　　t_1——恒温过程中水浴的最高温度；

　　　　t_2——恒温过程中水浴的最低温度。

影响恒温槽灵敏度的因素很多，一般有以下几类：

（1）恒温介质流动性好，传热性能好，控温灵敏度就高；

（2）加热器功率适宜，热容量小，控温灵敏度就高；

（3）搅拌器搅拌速度足够大，才能保证恒温槽内温度均匀；

（4）继电器电磁吸引电键，后者发生机械作用的时间越短，断电时线圈中的铁芯剩磁越小，控温灵敏度越高；

（5）电接点温度计热容小，对温度的变化敏感，则灵敏度高；

（6）环境温度与设定温度的差值越小，控温效果越好。

控温灵敏度测定步骤如下：

（1）按图 A8 接好线路，经过教师检查无误，接通电源，使加热器加热，观察温度计读数，到达设定温度时，旋转温度计调节器上端的磁铁，使金属丝刚好与水银面接触（此时继电器应当跳动，绿灯亮，停止加热），然后再观察几分钟，如果温度不符合要求，则需继续调节。

（2）作灵敏度曲线：将贝克曼温度计的起始温度读数调节在标尺中部，放入恒温槽。当 0.1 分度温度计读数刚好为设定温度时，立刻用放大镜读取贝克曼温度计读数，然后每隔 30 s 记录一次，连续观察 15 min。如有时间可改变设定温度，重复上述步骤。

（3）结果处理：

① 将时间、温度读数列表；

② 用坐标纸绘出温度-时间曲线；

③ 求出该套设备的控温灵敏度并加以讨论。

控温灵敏度曲线示例如图 A10 所示，可以看出：曲线（a）表示恒温槽灵敏度较高；（b）表示恒温槽灵敏度较差；（c）表示加热器功率太大；（d）表示加热器功率太小或散热太快。

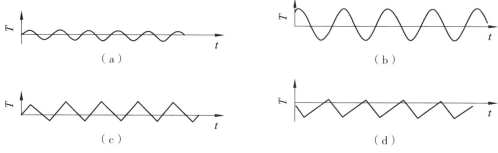

图 A10　控温灵敏度曲线

二、压力的测量及真空的获得

压力是用来描述体系状态的一个重要参数。许多物理、化学性质，如熔点、沸点、蒸气压等都与压力有关。在化学热力学和化学动力学研究中，压力也是一个很重要的因素。因此，压力的测量具有重要的意义。

就物理化学实验来说，压力的应用范围高至气体钢瓶的压力，低至真空系统的真空度。压力通常可分为高压、中压、常压和负压。压力范围不同，测量方法不一样，精确度要求不同，所使用的单位也各有不同的传统习惯。

（一）压力的表示方法

国际单位制（SI）用帕斯卡作为通用的压力单位，以 Pa（或帕）表示。当作用于 $1\ m^2$（平方米）面积上的力为 1 N（牛顿）时就是 1 Pa（帕斯卡）：

$$Pa = \frac{N}{m^2}$$

但是，原来的许多压力单位，例如，标准大气压（或称物理大气压，简称大气压）、工程大气压（即 $kg \cdot cm^{-2}$）、巴等现在仍然在使用。物理化学实验中还常选用一些标准液体（如汞）制成液体压力计，压力大小就直接以液体的高度来表示。它的意义是作用在液柱单位底面积上的液体质量与气体的压力相平衡或相等。例如，1 atm 可以定义为：在 0 ℃、重力加速度等于 $9.806\ 65\ m \cdot s^{-2}$ 时，760 mm 高的汞柱垂直作用于底面积上的压力。此时汞的密度为 $13.595\ 1\ g \cdot cm^{-3}$。因此，1 atm 又等于 $1.033\ 23\ kg \cdot cm^{-2}$。上述压力单位之间的换算关系见表 A2。

表 A2　常用压力单位换算表

压力单位	Pa	$kg \cdot cm^{-2}$	atm	bar	mmHg
Pa	1	1.019716×10^{-2}	0.9869236×10^{-5}	1×10^{-5}	7.5006×10^{-3}
$kg \cdot cm^{-2}$	9.800665×10^{-4}	1	0.967841	0.980665	753.559
atm	1.01325×10^5	1.03323	1	1.01325	760.0
bar	1×10^5	1.019716	6.986923	1	750.062
mmHg	133.3224	1.35951×10^{-3}	1.3157895×10^{-3}	1.33322×10^{-3}	1

除了所用单位不同之外，压力还可用绝对压、表压和真空度来表示。图 A11 说明三者的关系。显然，在压力高于大气压的时候：

　　　　　　　绝对压=大气压+表压

或　　　　　　表压=绝对压−大气压

在压力低于大气压的时候：

　　　　　　　绝对压=大气压−真空度

或　　　　　　真空度=大气压−绝对压

当然，上述式子等号两端各项都必须采用相同的压力单位。

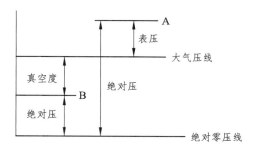

图 A11　绝对压、表压与真空度的关系

（二）常用测压仪表

1. 液柱式压力计

液柱式压力计是物理化学实验中用得最多的压力计。它构造简单、使用方便，能测量微小压力差，测量准确度比较高，且制作容易，价格低廉，但是测量范围不大，示值与工作液密度有关。它的结构不牢固，耐压程度较差。现简单介绍一下 U 形压力计。

液柱式 U 形压力计由两端开口的垂直 U 形玻璃管及垂直放置的刻度标尺所构成。管内下部盛有适量工作液体作为指示液。图 A12 中 U 形管的两支管分别连接于两个测压口。因为气体的密度远小于工作液的密度，因此，由液面差 Δh 及工作液的密度 ρ、重力加速度 g 可以得到下式：

$$p_1 = p_2 + \Delta h \cdot \rho g$$

或

$$\Delta h = \frac{p_1 - p_2}{\rho \cdot g}$$

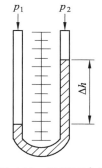

图 A12　U 形压力计

U 形压力计可用来测量：
（1）两气体压力差；
（2）气体的表压（p_1 为测量气压，p_2 为大气压）；
（3）气体的绝对压力（令 p_2 为真空，p_1 所示即为绝对压力）；
（4）气体的真空度（p_1 通大气，p_2 为负压，可测其真空度）。

2. 弹性式压力计

利用弹性元件的弹性力来测量压力，是测压仪表中相当重要的一种形式。由于弹性元件的结构和材料不同，它们具有各不相同的弹性位移与被测压力的关系。物化实验室中接触较多的为单管弹簧管式压力计。这种压力计的压力由弹簧管固定端进入，通过弹簧管自由端的位移带动指针运动，指示压力值。如图 A13 所示。

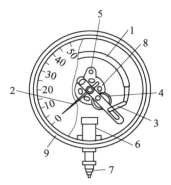

1—金属弹簧管；2—指针；3—连杆；4—扇形齿轮；5—弹簧；
6—底座；7—测压接头；8—小齿轮；9—外壳。

图 A13　弹簧管压力计

使用弹性式压力计时应注意以下几点：

（1）合理选择压力表量程。为了保证足够的测量精度，选择的量程应在仪表分度标尺的 12 ~ 34 范围内。

（2）使用时环境温度不得超过 35 ℃，如超过应进行温度修正。

（3）测量压力时，压力表指针不应有跳动和停滞现象。

（4）对压力表应定期进行校验。

3. 数字式低真空压力测试仪

数字式低真空压力测试仪是运用压阻式压力传感器原理测定实验系统与大气压之间压差的仪器。它可取代传统的 U 形水银压力计，无汞污染现象，对环境保护和人类健康有极大的好处。该仪器的测压接口在仪器后的面板上。使用时，先将仪器按要求连接在实验系统上（注意实验系统不能漏气），再打开电源预热 10 min；然后选择测量单位，调节旋钮，使数字显示为零；最后开动真空泵，仪器上显示的数字即为实验系统与大气压之间的压差值。

（三）气压计

测量环境大气压力的仪器称气压计。气压计的种类很多，实验室常用的是福廷式气压计和空盒气压计。

1. 福廷式气压计

福廷式气压计的构造如图 A14 所示。它的外部是一黄铜管，管的顶端有悬环，用以悬挂在实验室的适当位置。气压计内部是一根一端封闭的装有水银的长玻璃管。玻璃管封闭的一端向上，管中汞面的上部为真空，管下端插在水银槽内。水银槽底部是一羚羊皮袋，下端由螺旋支持，转动此螺旋可调节槽内水银面的高低。水银槽的顶盖上有一倒置的象牙针，其针尖是黄铜标尺刻度的零点。此黄铜标尺上附有游标尺，转动游标调节螺旋，可使游标尺上下游动。

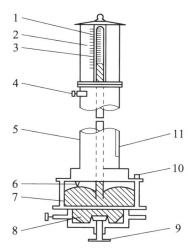

1—玻璃管；2—黄铜标尺；3—游标尺；4—调节螺栓；5—黄铜管；6—象牙针；
7—汞槽；8—羚羊皮袋；9—调节汞面的螺栓；10—气孔；11—温度计。

图 A14　福廷式气压计

福廷式气压计是一种真空压力计，其原理如图 A15 所示：它以汞柱所产生的静压力来平衡大气压力 p，汞柱的高度就可以度量大气压力的大小。在实验室，通常用毫米汞柱（mmHg）作为大气压力的单位。毫米汞柱作为压力单位时，它的定义是：当汞的密度为 13.595 1 g/cm^3（即 0 ℃ 时汞的密度，通常作为标准密度，用符号 ρ_0 表示），重力加速度为 980.665 cm/s^2（即纬度 45°的海平面上的重力加速度，通常作为标准重力加速度，用符号 g_0 表示）时，1 mm 高的汞柱所产生的静压力为 1 mmHg。mmHg 与 Pa 之间的换算关系为

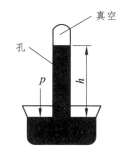

图 A15　气压计原理示意图

$$1\ mmHg = 10^3 \times \frac{13.5951 \times 10^{-3}}{10^{-6}} kg \cdot m^{-3} \times 980.665 \times 10^{-2} m \cdot s^{-2}$$

$$= 133.322\ Pa$$

（1）福廷式气压计的使用方法

① 慢慢旋转螺旋，调节水银槽内水银面的高度，使槽内水银面升高。利用水银槽后面磁板的反光，注视水银面与象牙尖的空隙，直至水银面与象牙尖刚刚接触，然后用手轻轻扣一下铜管上面，使玻璃管上部水银面凸面正常。稍等几秒钟，待象牙针尖与水银面的接触无变动为止。

② 调节游标尺

转动气压计旁的螺旋，使游标尺升起，并使下沿略高于水银面。然后慢慢调节游标，

直到游标尺底边及其后边金属片的底边同时与水银面凸面顶端相切。这时观察者眼睛的位置应和游标尺前后两个底边的边缘在同一水平线上。

③ 读取汞柱高度

当游标尺的零线与黄铜标尺中某一刻度线恰好重合时，则黄铜标尺上该刻度的数值便是大气压值，不须使用游标尺。当游标尺的零线不与黄铜标尺上任何一刻度重合时，那么游标尺零线所对标尺上的刻度，则是大气压值的整数部分（mm）。再从游标尺上找出一根恰好与标尺上的刻度相重合的刻度线，则游标尺上刻度线的数值便是气压值的小数部分。

④ 整理工作记下读数后，将气压计底部螺旋向下移动，使水银面离开象牙针尖。记下气压计的温度及所附卡片上气压计的仪器误差值，然后进行校正。

（2）气压计读数的校正

水银气压计的刻度是以温度为 0 ℃，纬度为 45°的海平面高度为标准的。不符合上述规定时，从气压计上直接读出的数值，除进行仪器误差校正外，在精密的工作中还必须进行温度、纬度及海拔的校正。

① 仪器误差的校正

由于仪器本身制造的不精确而造成读数上的误差称"仪器误差"。仪器出厂时都附有仪器误差的校正卡片，应首先加上此项校正。

② 温度影响的校正

由于温度的改变，水银密度也随之改变，因而会影响水银柱的高度。同时由于铜管本身的热胀冷缩，也会影响刻度的准确性。当温度升高时，前者引起偏高，后者引起偏低。由于水银的膨胀系数比铜管的大，因此当温度高于 0 ℃ 时，经仪器校正后的气压值应减去温度校正值；当温度低于 0 ℃ 时，要加上温度校正值。气压计的温度校正公式如下：

$$p_0 = \frac{1+\beta t}{1+\alpha t}p = p - p\frac{1+\beta}{1+\alpha t}t$$

式中　p——气压计读数，mmHg；

　　　t——气压计的温度，℃；

　　　α——水银柱在 0 ~ 35 ℃ 的平均体膨胀系数，α=0.000 1818；

　　　β——黄铜的线膨胀系数，β=0.000 0184；

　　　p_0——读数校正到 0 ℃ 时的气压值，mmHg。

显然，温度校正值即为

$$p\frac{\alpha - \beta}{1+\alpha t}$$

其数值列有数据表，实际校正时，读取 p，t 后可查表（表 A3）求得。

表 A3　气压计读数的温度校正值

温度	740 mmHg	750 mmHg	760 mmHg	770 mmHg	780 mmHg
1	0.12	0.12	0.12	0.13	0.13
2	0.24	0.25	0.25	0.25	0.15
3	0.36	0.37	0.37	0.38	0.38
4	0.48	0.49	0.50	0.50	0.51
5	0.60	0.61	0.62	0.63	0.64
6	0.72	0.73	0.74	0.75	0.76
7	0.85	0.86	0.87	0.88	0.89
8	0.97	0.98	0.99	1.01	1.02
9	1.09	1.10	1.12	1.13	1.15
10	1.21	1.22	1.24	1.26	1.27
11	1.33	1.35	1.36	1.38	1.40
12	1.45	1.47	1.49	1.51	1.53
13	1.57	1.59	1.61	1.63	1.65
14	1.69	1.71	1.73	1.76	1.78
15	1.81	1.83	1.86	1.88	1.91
16	1.93	1.96	1.98	2.01	2.03
17	2.05	2.08	2.10	2.13	2.16
18	2.17	2.20	2.23	2.26	2.29
19	2.29	2.32	2.35	2.38	2.41
20	2.41	2.44	2.47	2.51	2.54
21	2.53	2.56	2.60	2.63	2.67
22	2.65	2.69	2.72	2.76	2.79
23	2.77	2.81	2.84	2.88	2.92
24	2.89	2.93	2.97	3.01	3.05
25	3.01	3.05	3.09	3.13	3.17
26	3.13	3.17	3.21	3.26	3.30
27	3.25	3.29	3.34	3.38	3.42
28	3.37	3.41	3.46	3.51	3.55
29	3.49	3.54	3.58	3.63	3.68
30	3.61	3.66	3.71	3.75	3.80
31	3.73	3.78	3.83	3.88	3.93
32	3.85	3.90	3.95	4.00	4.05
33	3.97	4.02	4.07	4.13	4.18
34	4.09	4.14	4.20	4.25	4.31
35	4.21	4.26	4.32	4.38	4.43

③ 海拔及纬度的校正

重力加速度（g）随海拔及纬度不同而异，致使水银的重量受到影响，从而导致气压计读数的误差。其校正办法是：经温度校正后的气压值再乘以（$1-2.6\times10^{-3}\cos2\lambda-3.14\times10^{-7}$），式中，$\lambda$ 为气压计所在地纬度（°），H 为气压计所在地海拔（m）。此项校正值很小，在一般实验中可不必考虑。

④ 其他

如水银蒸气压的校正、毛细管效应的校正等，因校正值极小，一般都不考虑。

（3）使用注意事项

① 调节螺旋时动作要缓慢，不可旋转过急。

② 在调节游标尺与汞柱凸面相切时，应使眼睛的位置与游标尺前后下沿在同一水平线上，然后再调到与水银柱凸面相切。

③ 发现槽内水银不清洁时，要及时更换水银。

2. 空盒气压表

空盒气压表是由随大气压变化而产生轴向移动的空盒组作为感应元件，通过拉杆和传动机构带动指针，指示出大气压值的。

当大气压升高时，空盒组被压缩，通过传动机构使指针顺时针转动一定角度；当大气压降低时，空盒组膨胀，通过传动机构使指针逆时针转动一定角度。空盒气压表测量范围在 600 ~ 800 mmHg，度盘最小分度值为 0.5 mmHg。测量温度在 –10 ~ 40 °C。读数经仪器校正和温度校正后，误差不大于 1.5 mmHg。气压计的仪器校正值为 +0.7 mmHg。温度每升高 1 °C，气压校正值为 –0.05 mmHg。

气压计刻度校正值见表 A4。例如，16.5 °C 时，空盒气压表上的读数为 724.2 mmHg。仪器校正值为 +0.7 mmHg，温度校正值为 $16.5 \times (-0.05) = -0.8$ (mmHg)，仪器刻度校正值由表 A4 查得是 +0.6 mmHg，校正后大气压为：

$$724.2+0.7-0.8+0.6=724.7 \text{ (mmHg)}=9.662 \times 10^4 \text{ (Pa)}$$

表 A4　气压计刻度校正值（mmHg）

仪器示度	校正值	仪器示度	校正值
790	–0.8	690	+0.2
780	–0.4	680	+0.2
760	0.0	670	0.0
750	+0.1	660	–0.2
740	+0.2	650	–0.1
730	+0.5	640	0.0
720	+0.7	630	–0.2
710	+0.4	620	–0.4
700	+0.2	610	+0.6
		600	–0.8

空盒气压表体积小、重量轻，不需要固定，只要求仪器工作时水平放置。但其精确度不如福廷式气压计。

在使用空盒气压表时应注意，因每台仪器在标定时的环境温度和大气压都不尽相同，所以每台仪器的仪器刻度校正值、温度校正值和仪器校正值也都不相同。应根据每台仪器所提供的校正表格里的数据进行校正。

（四）真空的获得

真空是指压力小于一个大气压的气态空间。真空状态下气体的稀薄程度，常以压强值表示，习惯上称作真空度。不同的真空状态，意味着该空间具有不同的分子密度。

在国际单位制（SI）中，真空度的单位与压强的单位均为帕斯卡（Pascal），简称帕，符号为 Pa。

在物理化学实验中，通常按真空度的获得和测量方法的不同，将真空区域划分为：粗真空（101 325 ~ 1 333 Pa）、低真空（1 333 ~ 0.133 3 Pa）、高真空（0.133 3 ~ 1.333×10^{-6} Pa）、超高真空（<1.333×10^{-6} Pa）。为了获得真空，必须设法将气体分子从容器中抽出。凡是能从容器中抽出气体，使气体压力降低的装置，均可称为真空泵，如水流泵、机械真空泵、油泵、扩散泵、吸附泵、钛泵等。

实验室常用的真空泵为旋片式真空泵，如图 A16 所示。它主要由泵体和偏心转子组成。经过精密加工的偏心转子下面安装有带弹簧的滑片，由电动机带动，偏心转子紧贴泵腔壁旋转。滑片靠弹簧的压力也紧贴泵腔壁。滑片在泵腔中连续运转，使泵腔被滑片分成的两个不同的容积呈周期性的扩大和缩小。气体从进气嘴进入，被压缩后经过排气阀排出泵体外。如此循环往复，将系统内的压力减小。

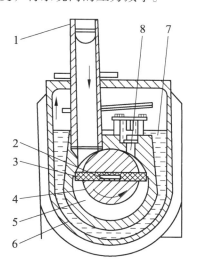

1—进气嘴；2—旋片弹簧；3—旋片；4—转子；5—泵体；6—油箱；
7—真空泵油；8—排气嘴。

图 A16　旋片式真空泵

旋片式机械泵的整个机件浸在真空油中，这种油的蒸气压很低，既可起润滑作用，又可起封闭微小的漏气和冷却机件的作用。

在使用机械泵时应注意以下几点：

（1）机械泵不能直接抽含可凝性气体的蒸气、挥发性液体等。因为这些气体进入泵后会破坏泵油的品质，降低了油在泵内的密封和润滑作用，甚至会导致泵的机件生锈。因而必须在可凝气体进泵前先通过纯化装置。例如，用无水氯化钙、五氧化二磷、分子筛等吸收水分；用石蜡吸收有机蒸气；用活性炭或硅胶吸收其他蒸气等。

（2）机械泵不能用来抽含腐蚀性成分的气体，如含氯化氢、氯气、二氧化氮等的气体。因这类气体能迅速侵蚀泵中精密加工的机件表面，使泵漏气，不能达到所要求的真空度。遇到这种情况时，应当使气体在进泵前先通过装有氢氧化钠固体的吸收瓶，以除去有害气体。

（3）机械泵由电动机带动。使用时应注意马达的电压。若是三相电动机带动的泵，第一次使用时特别要注意三相马达旋转方向是否正确。正常运转时不应有摩擦、金属碰击等异声。运转时电动机温度不能超过 50 ℃。

（4）机械泵的进气口前应安装一个三通活塞。停止抽气时应使机械泵与抽空系统隔开而与大气相通，然后再关闭电源。这样既可保持系统的真空度，又可避免泵油倒吸。

（五）气体钢瓶减压阀

在物理化学实验中，经常要用到氧气、氮气、氢气、氩气等气体。这些气体一般都是贮存在专用的高压气体钢瓶中。使用时通过减压阀使气体压力降至实验所需范围，再经过其他控制阀门细调，使气体输入使用系统。最常用的减压阀为氧气减压阀，简称氧气表。

1. 氧气减压阀的工作原理

氧气减压阀的外观及工作原理见图 A17 和图 A18。

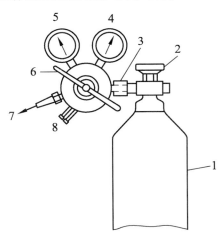

1—钢瓶；2—钢瓶开关；3—钢瓶与减压表连接螺母；4—高压表；5—低压表；
6—低压表压力调节螺杆；7—出口；8—安全阀。

图 A17　安装在气体钢瓶上的氧气减压阀示意图

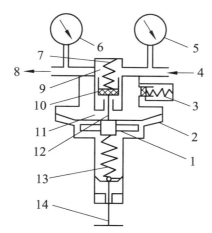

1—弹簧垫块；2—传动薄膜；3—安全阀；4—进口（接气体钢瓶）；5—高压表；6—低压表；
7—压缩弹簧；8—出口（接使用系统）；9—高压气室；10—活门；11—低压气室；12—顶杆；
13—主弹簧；14—低压表压力调节螺杆。

图 A18　氧气减压阀工作原理示意图

氧气减压阀的高压腔与钢瓶连接，低压腔为气体出口，并通往使用系统。高压表的示值为钢瓶内贮存气体的压力。低压表的出口压力可由调节螺杆控制。

使用时先打开钢瓶总开关，然后顺时针转动低压表压力调节螺杆，使其压缩主弹簧并传动薄膜、弹簧垫块和顶杆而将活门打开。这样进口的高压气体由高压室经节流减压后进入低压室，并经出口通往工作系统。转动调节螺杆，改变活门开启的高度，从而调节高压气体的通过量并达到所需的压力值。

减压阀都装有安全阀。它是保护减压阀并使之安全使用的装置，也是减压阀出现故障的信号装置。如果活门垫、活门损坏或其他原因导致出口压力自行上升并超过一定许可值时，安全阀会自动打开排气。

2. 氧气减压阀的使用方法

（1）按使用要求的不同，氧气减压阀有许多规格。最高进口压力大多为 150 kg/cm² （约 150×10⁵ Pa），最低进口压力不小于出口压力的 2.5 倍。出口压力规格较多，一般为 0 ～ 10 kg/cm²（约 1×10⁵ Pa），最高出口压力为 40 kg/cm²（约 40×10⁵ Pa）。

（2）安装减压阀时应确定其连接规格是否与钢瓶和使用系统的接头相一致。减压阀与钢瓶采用半球面连接，靠旋紧螺母使二者完全吻合。因此，在使用时应保持两个半球面的光洁，以确保良好的气密效果。安装前可用高压气体吹除灰尘。必要时也可用聚四氟乙烯等材料做垫圈。

（3）氧气减压阀应严禁接触油脂，以免发生火警事故。

（4）停止工作时，应将减压阀中余气放净，然后拧松调节螺杆以免弹性元件长久受压变形。

（5）减压阀应避免撞击振动，不可与腐蚀性物质相接触。

3. 其他气体减压阀

有些气体，如氮气、空气、氩气等永久性气体，可以采用氧气减压阀。但还有一些气体，如氨等腐蚀性气体，则需要专用减压阀。市面上常见的有氮气、空气、氢气、氨、乙炔、丙烷、水蒸气等专用减压阀。

这些减压阀的使用方法及注意事项与氧气减压阀基本相同。但是，还应该指出：专用减压阀一般不能用于其他气体。为了防止误用，有些专用减压阀与钢瓶之间采用特殊连接口。例如，氢气和丙烷均采用左牙螺纹，也称反向螺纹，安装时应特别注意。

（六）各种流量计简介

1. 转子流量计

转子流量计又称浮子流量计，是目前工业上或实验室常用的一种流量计，其结构如图 A19 所示。它是由一根锥形的玻璃管和一个能上下移动的浮子所组成。当气体自下而上流经锥形管时，被浮子节流，在浮子上下端之间产生一个压差。浮子在压差作用下上升，当浮子上、下压差与其所受的黏性力之和等于浮子所受的重力时，浮子就处于某一高度的平衡位置；当流量增大时，浮子上升，浮子与锥形管间的环隙面积也随之增大，则浮子在更高位置上重新达到受力平衡。因此流体的流量可用浮子升起的高度表示。

图 A19　转子流量计

这种流量计很少自制，市售的标准系列产品，规格型号很多，测量范围也很广，流量每分钟几毫升至几十毫升。这些流量计用于测量哪一种流体（如气体或液体，氮气或氢气），市售产品均有说明，并附有某流体的浮子高度与流量的关系曲线。若改变所测流体的种类，可用皂膜流量计或湿式流量计另行标定。

使用转子流量计需注意几点：

（1）流量计应垂直安装；

（2）要缓慢开启控制阀；

（3）待浮子稳定后再读取流量；

（4）避免被测流体的温度、压力突然急剧变化；

（5）为确保计量的准确、可靠，使用前均需进行校正。

2. 毛细管流量计

毛细管流量计的外表形式很多，图 A20 所示是其中的一种。它是根据流体力学原理制成的。当气体通过毛细管时，阻力增大，线速度（即动能）增大，而压力降低（即位能减小），这样气体在毛细管前后就产生压差，由流量计中两液面高度差（Δh）显示出来。当毛细管长度 L 与其半径之比等于或大于 100 时，气体流量 V 与毛细管两端压差存在线性关系：

$$V = \frac{\pi r^4 \rho}{8L\eta} \cdot \Delta h = f \frac{\rho}{\eta} \Delta h$$

式中　f——毛细管特征系数，$f = \frac{\pi r^4 \rho}{8L\eta}$；

　　　r——毛细管半径；

　　　ρ——流量计所盛液体的密度；

　　　η——气体黏度系数。

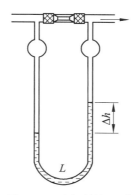

图 A20　毛细管流量计

当流量计的毛细管和所盛液体一定时，气体流量 V 和压差 Δh 成直线关系。对不同的气体，V 和 Δh 有不同的直线关系；对同一气体，更换毛细管后，V 和 Δh 的直线关系也与原来不同。而流量与压差这一直线关系不是由计算得来的，而是通过实验标定，绘制出 V-Δh 关系曲线。因此，绘制出的这一关系曲线，必须说明使用的气体种类和对应的毛细管规格。

这种流量计多为自行装配，根据测量流速的范围，选用不同孔径的毛细管。流量计所盛的液体可以是水，液体石蜡或水银等。在选择液体时，要考虑被测气体与该液体不互溶，也不起化学反应，同时对速度小的气体采用比重小的液体，对流速大的采用比重大的液体，在使用和标定过程中要保持流量计的清洁与干燥。

3. 皂膜流量计

这是实验室常用的构造十分简单的一种流量计，它可用滴定管改制而成，如图 A21 所示。橡皮头内装有肥皂水，当待测气体经侧管流入后，用手将橡皮头一捏，气体就把肥皂水吹成一圈圈的薄膜，并沿管上升，用停表记录某一皂膜移动一定体积所需的时间，即可求出流量（体积/时间）。这种流量计的测量是间断式的，宜用于尾气流量的测定，标定测量范围较小的流量计（100 mL·min⁻¹以下），而且只限于对气体流量的测定。

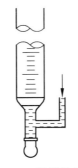

图 A21　皂膜流量计

4. 湿式流量计

湿式流量计也是实验室常用的一种流量计。它的构造主要由圆鼓形壳体、转鼓及传动计数装置所组成，如图 A22 所示。转动鼓是圆筒及四个变曲形状的叶片所构成。四个叶片构成 A，B，C，D 四个体积相等的小室。鼓的下半部浸在水中，水位高低由水位器指示。气体从背部中间的进气管依次进入各室，并不断地由顶部排出，迫使转鼓不停地转动。气体流经流量计的体积由盘上的计数装置和指针显示，用停表记录流经某一体积所需的时间，便可求得气体流量。图 A22 中所示位置，表示 A 室开始进气，B 室正在进气，C 室正在排气，D 室排气将完毕。湿式流量计的测量是累积式的，它用于测量气体流量和标定流量计。湿式流量计事先应经标准容量瓶进行校准。

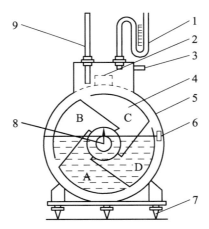

1—压差计；2—水平仪；3—排气管；4—转鼓；5—壳体；6—水位器；
7—支脚；8—排气管；9—温度计。

图 A22　湿式流量计

使用时注意：

（1）先调整湿式流量计的水平，使水平仪内气泡居中；

（2）流量计内注入蒸馏水，其水位高低应使水位器中液面与针尖接触；

（3）被测气体应不溶于水且不腐蚀流量计；

（4）使用时，应记录流量计的温度。

三、光学测量

光与物质相互作用可以产生各种光学现象（如光的折射、反射、散射、透射、吸收、旋光以及物质受激辐射等），通过分析研究这些光学现象，可以提供原子、分子及晶体结构等方面的大量信息。所以，不论在物质的成分分析、结构测定及光化学反应等方面，都离不开光学测量。下面介绍物理化学实验中常用的几种光学测量仪器。

（一）阿贝折射仪

折射率是物质的重要物理常数之一，许多纯物质都具有一定的折射率，如果其中含有杂质，折射率会发生变化，出现偏差，杂质越多，偏差越大。因此通过折射率的测定，可以测定物质的浓度。

1. 阿贝折射仪的构造原理

阿贝折射仪的外形如图 A23 所示。

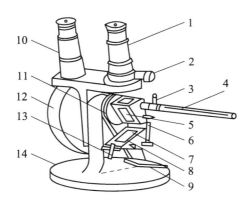

1—测量望远镜；2—消散手柄；3—恒温水入口；4—温度计；5—测量棱镜；6—铰链；
7—辅助棱镜；8—加液槽；9—反射镜；10—读数望远镜；11—转轴；12—刻度盘罩；
13—闭合旋钮；14—底座。

图 A23　阿贝折射仪

当一束单色光从介质 1 进入介质 2（两种介质的密度不同）时，光线在通过界面时改变了方向，这一现象称为光的折射，如图 A24 所示。

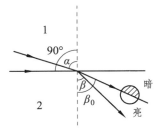

图 A24　光的折射

光的折射现象遵从折射定律：

$$\frac{\sin\alpha}{\sin\beta} = \frac{n_2}{n_1} = n_{12} \tag{A1}$$

式中　α——入射角；

　　β——折射角；

　　n_1、n_2——交界面两侧两种介质的折射率；

　　n_{12}——介质 2 对介质 1 的相对折射率。

若介质 1 为真空，因规定 $n=1.0000$，故 $n_{12}=n_2$，为绝对折射率。但介质 1 通常为空气，空气的绝对折射率为 1.00029，这样得到的各物质的折射率称为常用折射率，也称作对空气的相对折射率。同一物质两种折射率之间的关系为：

绝对折射率=常用折射率×1.00029

根据式（A1）可知，当光线从一种折射率小的介质 1 射入折射率大的介质 2 时（$n_1<n_2$），入射角一定大于折射角（$\alpha>\beta$）。当入射角增大时，折射角也增大，设当入射角 $\alpha=90°$ 时，折射角为 β_0，我们将此折射角称为临界角。因此，当在两种介质的界面上以不同角度射入光线时（入射角 α 从 $0°\sim90°$），光线经过折射率大的介质后，其折射角 $\beta\leqslant\beta_0$。其结果是大于临界角的部分无光线通过，成为暗区；小于临界角的部分有光线通过，成为亮区。临界角成为明暗分界线的位置，如图 A24 所示。

根据式（A1）可得：

$$n_1 = n_2 \frac{\sin\beta_0}{\sin\alpha_0} = n_2\sin\beta_0 \tag{A2}$$

因此在固定一种介质时，临界折射角 β_0 的大小与被测物质的折射率是简单的函数关系，阿贝折射仪就是根据这个原理设计的。

2. 阿贝折射仪的结构

阿贝折射仪的光学示意图如图 A25 所示，它的主要部分是由两个折射率为 1.75 的玻璃直角棱镜所构成，上部为测量棱镜，是光学平面镜，下部为辅助棱镜。其斜面是粗糙的毛玻璃，两者之间有 0.1 ~ 0.15 mm 厚度空隙，用于装待测液体，并使液体展开成一薄层。当从反射镜反射来的入射光进入辅助棱镜至粗糙表面时，产生漫散射，以各种角度透过待测液体，而从各个方向进入测量棱镜而发生折射。其折射角都落在临界角 β_0 之内，因为棱镜的折射率大于待测液体的折射率，因此入射角从 $0° \sim 90°$ 的光线都通过测量棱镜发生折射。具有临界角 β_0 的光线从测量棱镜出来反射到目镜上，此时若将目镜十字线调节到适当位置，则会看到目镜上呈半明半暗状态。折射光都应落在临界角 β_0 内，成为亮区，其他部分为暗区，构成了明暗分界线。

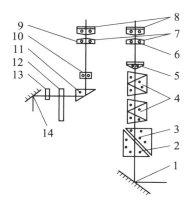

1—反射镜；2—辅助棱镜；3—测量棱镜；4—消色散棱镜；5—物镜；6—分划板；7、8—目镜；
9—分划板；10—物镜；11—转向棱镜；12—照明度盘；13—毛玻璃；14—小反光镜。

图 A25　阿贝折射仪光学系统示意图

根据式（A2）可知，只要已知棱镜的折光率 $n_{棱}$，通过测定待测液体的临界角 β_0，就能求得待测液体的折射率 $n_{液}$。实际上测定 β_0 值很不方便，当折射光从棱镜出来进入空气又产生折射，折射角为 β_0'。$n_{液}$ 与 β_0' 之间的关系为：

$$n_{液} = \sin r \cdot (n_{棱}^2 - \sin^2 \beta_0')^{\frac{1}{2}} - \cos r \cdot \sin \beta_0' \quad （A3）$$

式中　r——常数；

　　　$n_{棱} = 1.75$。

测出 β_0' 即可求出 $n_{液}$。因为在设计折射仪时已将 β_0' 换算成 $n_{液}$ 值，故从折射仪的标尺上可直接读出液体的折射率。

在实际测量折射率时，我们使用的入射光不是单色光，而是使用由多种单色光组成的普通白光，因不同波长的光的折射率不同而产生色散，在目镜中看到一条彩色的光带，而没有清晰的明暗分界线，为此，在阿贝折射仪中安置了一套消色散棱镜（又叫补偿棱镜）。通过调节消色散棱镜，使测量棱镜出来的色散光线消失，明暗分界线清晰，此时测得的液体的折射率相当于用单色光钠光 D 线（589 nm）所测得的折射率 n_D。

3. 阿贝折射仪的使用方法

（1）仪器安装：将阿贝折射仪安放在光亮处，但应避免阳光的直接照射，以免液体试样受热迅速蒸发。用超级恒温槽将恒温水通入棱镜夹套内，检查棱镜上温度计的读数是否符合要求[一般选用(20.0 ± 0.1) ℃ 或(25.0 ± 0.1) ℃]。

（2）加样：旋开测量棱镜和辅助棱镜的闭合旋钮，使辅助棱镜的磨砂斜面处于水平位置，若棱镜表面不清洁，可滴加少量丙酮，用擦镜纸沿单一方向轻擦镜面（不可来回擦）。待镜面洗净干燥后，用滴管滴加数滴试样于辅助棱镜的毛镜面上，迅速合上辅助棱镜，旋紧闭合旋钮。若液体易挥发，动作要迅速，或先将两棱镜闭合，然后用滴管从加液孔中注入试样（注意，切勿将滴管折断在孔内）。

（3）调光：转动镜筒使之垂直，调节反射镜使入射光进入棱镜，同时调节目镜的焦距，使目镜中十字线清晰明亮。调节消色散补偿器使目镜中彩色光带消失。再调节读数螺旋，使明暗的界面恰好同十字线交叉处重合。

（4）读数：从读数望远镜中读出刻度盘上的折射率数值。常用的阿贝折射仪可读至小数点后的第四位，为了使读数准确，一般应将试样重复测量 3 次，每次相差不能超过0.0002，然后取平均值。

4. 阿贝折射仪的使用注意事项

阿贝折射仪是一种精密的光学仪器，使用时应注意以下几点：

（1）使用时要注意保护棱镜，清洗时只能用擦镜纸而不能用滤纸等。加试样时不能将滴管口触及镜面。对于酸碱等腐蚀性液体不得使用阿贝折射仪。

（2）每次测定时，试样不可加得太多，一般只需加 2~3 滴即可。

（3）要注意保持仪器清洁，保护刻度盘。每次实验完毕，要在镜面上加几滴丙酮，并用擦镜纸擦干。最后用两层擦镜纸夹在两棱镜镜面之间，以免镜面损坏。

（4）读数时，有时在目镜中观察不到清晰的明暗分界线，而是畸形的，这是由于棱镜间未充满液体；若出现弧形光环，则可能是由于光线未经过棱镜而直接照射到聚光透镜上。

（5）若待测试样折射率不在 1.3~1.7 内，则阿贝折射仪不能测定，也看不到明暗分界线。

5. 阿贝折射仪的校正和保养

阿贝折射仪的刻度盘的标尺零点有时会发生移动，须加以校正。校正的方法一般是用已知折射率的标准液体，常用纯水。通过仪器测定纯水的折光率，读取数值，如同该条件下纯水的标准折光率不符，调整刻度盘上的数值，直至相符为止。也可用仪器出厂时配备的折光玻璃来校正，具体方法一般在仪器说明书中有详细介绍。

阿贝折射仪使用完毕后，要注意保养。应清洁仪器，如果光学零件表面有灰尘，可用高级鹿皮或脱脂棉轻擦后，再用洗耳球吹去。如有油污，可用脱脂棉蘸少许汽油轻擦后再用乙醚擦干净。用毕后将仪器放入有干燥剂的箱内，放置于干燥、空气流通的室内，防止仪器受潮。搬动仪器时应避免强烈振动和撞击，防止光学零件损伤而影响精度。

（二）旋光仪

1. 旋光现象和旋光度

一般光源发出的光，其光波在垂直于传播方向的一切方向上振动，这种光称为自然光，或称非偏振光；而只在一个方向上有振动的光称为平面偏振光。当一束平面偏振光通过某些物质时，其振动方向会发生改变，此时光的振动面旋转一定的角度，这种现象称为物质的旋光现象，这种物质称为旋光物质。旋光物质使偏振光振动面旋转的角度称为旋光度。尼柯尔（Nicol）棱镜就是利用旋光物质的旋光性而设计的。

2. 旋光仪的构造原理和结构

旋光仪的主要元件是两块尼柯尔棱镜。尼柯尔棱镜是由两块方解石直角棱镜沿斜面用加拿大树脂黏合而成，如图 A26 所示。

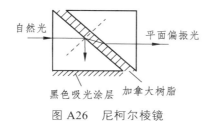

图 A26　尼柯尔棱镜

当一束单色光照射到尼柯尔棱镜时，分解为两束相互垂直的平面偏振光，一束折射率为 1.658 的寻常光，一束折射率为 1.486 的非寻常光，这两束光线到达加拿大树脂黏合面时，折射率大的寻常光（加拿大树脂的折射率为 1.550）被全反射到底面上的墨色涂层被吸收，而折射率小的非寻常光则通过棱镜，这样就获得了一束单一的平面偏振光。用于产生平面偏振光的棱镜称为起偏镜，如让起偏镜产生的偏振光照射到另一个透射面与起偏镜透射面平行的尼柯尔棱镜，则这束平面偏振光也能通过第二个棱镜，如果第二个棱镜的透射面与起偏镜的透射面垂直，则由起偏镜出来的偏振光完全不能通过第二个棱镜。如果第二个棱镜的透射面与起偏镜的透射面之间的夹角 θ 在 $0° \sim 90°$，则光线部分通过第二个棱镜，此第二个棱镜称为检偏镜。通过调节检偏镜，能使透过的光线强度在最强和零之间变化。如果在起偏镜与检偏镜之间放有旋光性物质，则由于物质的旋光作用，使来自起偏镜的光的偏振面改变了某一角度，只有检偏镜也旋转同样的角度，才能补偿旋光线改变的角度，使透过的光的强度与原来相同。旋光仪就是根据这种原理设计的，如图 A27 所示。

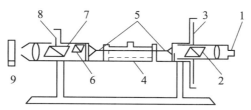

1—目镜；2—检偏棱镜；3—圆形标尺；4—样品管；5—窗口；6—半暗角器件；
7—起偏棱镜；8—半暗角调节；9—灯。

图 A27　旋光仪构造示意图

通过检偏镜用肉眼判断偏振光通过旋光物质前后的强度是否相同是十分困难的，这样会产生较大的误差，为此设计了一种在视野中分出三分视界的装置，原理是：在起偏镜后放置一块狭长的石英片，由起偏镜透过来的偏振光通过石英片时，由于石英片的旋光性，使偏振旋转了一个角度 Φ，通过镜前观察，光的振动方向如图 A28 所示。

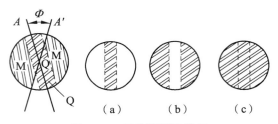

图 A28　三分视野示意图

A 是通过起偏镜的偏振光的振动方向，A' 是又通过石英片旋转一个角度后的振动方向，此两偏振方向的夹角 Φ 称为半暗角（$\Phi=2°\sim3°$），如果旋转检偏镜使透射光的偏振面与 A' 平行时，在视野中将观察到：中间狭长部分较明亮，而两旁较暗，这是由于两旁的偏振光不经过石英片，如图 A28（b）所示。如果检偏镜的偏振面与起偏镜的偏振面平行（即在 A 的方向时），在视野中将是：中间狭长部分较暗而两旁较亮，如图 A28（a）。当检偏镜的偏振面处于 $\Phi/2$ 时，两旁直接来自起偏镜的光偏振面被检偏镜旋转了 $\Phi/2$，而中间被石英片转过角度 Φ 的偏振面对被检偏镜旋转角度 $\Phi/2$，这样中间和两边的光偏振面都被旋转了 $\Phi/2$，故视野呈微暗状态，且三分视野内的暗度是相同的，如图 A28（c），将这一位置作为仪器的零点，在每次测定时，调节检偏镜使三分视界的暗度相同，然后读数。

3. 影响旋光度的因素

（1）溶剂的影响

旋光物质的旋光度主要取决于物质本身的结构。另外，还与光线透过物质的厚度，测量时所用光的波长和温度有关。如果被测物质是溶液，影响因素还包括物质的浓度，溶剂也有一定的影响。因此旋光物质的旋光度，在不同的条件下，测定结果通常不一样。因此一般用比旋光度作为量度物质旋光能力的标准，其定义式为：

$$[\alpha]_t^D = \frac{10\alpha}{LC}$$

式中　D——光源，通常为钠光 D 线；

　　　t——实验温度；

　　　α——旋光度；

　　　L——液层厚度，cm；

　　　C——被测物质的浓度，$g \cdot mL^{-1}$。

在测定比旋光度 $[\alpha]_t^D$ 值时，应说明使用什么溶剂，如不说明一般指以水为溶剂。

（2）温度的影响

温度升高会使旋光管膨胀而长度加长，从而导致待测液体的密度降低。另外，温度变化还会使待测物质分子间发生缔合或离解，使旋光度发生改变。通常温度对旋光度的影响，可用下式表示：

$$[\alpha]_t^\lambda = [\alpha]_t^D + Z(t-20)$$

式中　t——测定时的温度；

　　　Z——温度系数。

不同物质的温度系数不同，一般在 $-0.04\sim0.01\ ℃^{-1}$。为此在实验测定时必须恒温，旋光管上装有恒温夹套，与超级恒温槽连接。

（3）浓度的影响

在一定的实验条件下，常将旋光物质的旋光度与浓度视为成正比，因此将比旋光度作为常数。而旋光度和溶液浓度之间并不是严格地呈线性关系，因此严格讲比旋光度并非常数，在精密的测定中比旋光度和浓度间的关系可用下面的三个方程之一表示：

$$[\alpha]_t^\lambda = A + Bq$$

$$[\alpha]_t^\lambda = A + Bq + Cq^2$$

$$[\alpha]_t^\lambda = A + \frac{Bq}{C+q}$$

式中　q——溶液的质量分数，%；

　　　A，B，C——常数，可以通过不同浓度的几次测量来确定。

（4）旋光管长度的影响

旋光度与旋光管的长度成正比。旋光管通常有 10 cm、20 cm、22 cm 三种规格。经常使用的是 10 cm 长度的。但对旋光能力较弱或者较稀的溶液，为提高准确度，降低读数的相对误差，需用 20 cm 或 22 cm 长度的旋光管。

4. 旋光仪的使用方法

首先打开钠光灯，稍等几分钟，待光源稳定后，从目镜中观察视野，如不清楚可调节目镜焦距。

选用合适的样品管并洗净，充满蒸馏水（应无气泡），放入旋光仪的样品管槽中，调节检偏镜的角度使三分视野消失，读出刻度盘上的刻度并将此角度作为旋光仪的零点。

零点确定后，将样品管中蒸馏水换为待测溶液，按同样方法测定，此时刻度盘上的读数与零点时读数之差即为该样品的旋光度。

5. 使用注意事项

（1）旋光仪在使用时，需通电预热几分钟，但钠光灯使用时间不宜过长。

（2）旋光仪是比较精密的光学仪器，使用时，仪器金属部分切忌玷污酸碱，防止腐蚀。

（3）光学镜片部分不能与硬物接触，以免损坏镜片。

（4）不能随便拆卸仪器，以免影响精度。

6. 自动指示旋光仪结构及测试原理

目前国内生产的旋光仪，其三分视野检测、检偏镜角度的调整，采用光电检测器。通过电子放大及机械反馈系统自动进行，最后数字显示。该旋光仪体积小、灵敏度高、读数方便，减少人为观察三分视野明暗度相同时产生的误差，对弱旋光性物质同样适应。

WZZ 型自动数字显示旋光仪，其结构原理如图 A29 所示。

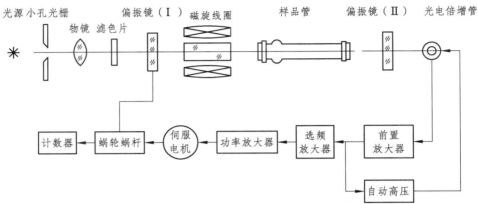

图 A29　WZZ 型自动数字显示旋光仪结构

该仪器用 20 W 钠光灯为光源，并通过可控硅自动触发恒流电源点燃，光线通过聚光镜、小孔光柱和物镜后形成一束平行光，然后经过起偏镜后产生平行偏振光，这束偏振光经过有法拉第效应的磁旋线圈时，其振动面产生 50 Hz 的一定角度的往复振动，该偏振光线通过检偏镜透射到光电倍增管上，产生交变的光电讯号。当检偏镜的透光面与偏振光的振动面正交时，即为仪器的光学零点，此时出现平衡指示。而当偏振光通过一定旋光度的测试样品时，偏振光的振动面转过一个角度 α，此时光电讯号就能驱动工作频率为 50 Hz 的伺服电机，并通过蜗轮杆带动检偏镜转动 α 角而使仪器回到光学零点，此时读数盘上的示值即为所测物质的旋光度。

（三）分光光度计

1. 吸收光谱原理

物质中分子内部的运动可分为电子的运动、分子内原子的振动和分子自身的转动，因此具有电子能级、振动能级和转动能级。

当分子被光照射时，将吸收能量引起能级跃迁，即从基态能级跃迁到激发态能级。而三种能级跃迁所需能量是不同的，需用不同波长的电磁波去激发。电子能级跃迁所需的能量较大，一般在 1~20 eV，吸收光谱主要处于紫外及可见光区，这种光谱称为紫外及可见光谱。如果用红外线（能量为 1~0.025 eV）照射分子，此能量不足以引起电子能级的跃迁，而只能引发振动能级和转动能级的跃迁，得到的光谱为红外光谱。若以能量更低的远红外线（0.025~0.003 eV）照射分子，只能引起转动能级的跃迁，这种光谱称为远红外光谱。由于物质结构不同，上述各能级跃迁所需能量都不一样，因此对光的吸收也就不一样，各种物质都有各自的吸收光带，因而就可以对不同物质进行鉴定分析，这是光度法进行定性分析的基础。

根据朗伯-比尔定律：当入射光波长、溶质、溶剂以及溶液的温度一定时，溶液的吸光度（又称光密度）和溶液层厚度及溶液的浓度成正比，若液层的厚度一定，则溶液的吸光度只与溶液的浓度有关：

$$T = \frac{I}{I_0}, \quad E = -\lg T = \lg \frac{1}{T} = \varepsilon cl$$

式中　　c——溶液浓度；

　　　　E——某一单色波长下的吸光度；

　　　　I_0——入射光强度；

　　　　I——透射光强度；

　　　　T——透光率；

　　　　ε——摩尔消光系数；

　　　　l——液层厚度。

在待测物质的厚度 l 一定时，吸光度与被测物质的浓度成正比，这就是光度法定量分析的依据。

2. 分光光度计的构造原理

将一束复合光通过分光系统，将其分成一系列波长的单色光，任意选取某一波长的光，根据被测物质对光的吸收强弱进行物质的测定分析，这种方法称为分光光度法，分光光度法所使用的仪器称为分光光度计。

分光光度计的种类和型号较多，实验室常用的有 72 型、721 型、752 型等。各种型号的分光光度计的基本结构都相同，由如下五部分组成：① 光源（钨灯、卤钨灯、氢弧灯、氘灯、汞灯、氙灯、激光光源）；② 单色器（滤光片、棱镜、光栅、全息栅）；③ 样品吸收池；④ 检测系统（光电池、光电管、光电倍增管）；⑤ 信号指示系统（检流计、灵敏电流表、数字电压表、示波器、微处理机显像管）。

光源→单色器→样品吸收池→检测系统→信号指示系统

在基本构件中，单色器是仪器关键部件。其作用是将来自光源的混合光分解为单色光，并提供所需波长的光。单色器是由入口与出口狭缝、色散元件和准直镜等组成的。其中色散元件是关键性元件，主要有棱镜和光栅（反射光栅是由磨平的金属表面上刻划许多平行的、等距离的槽构成。辐射由每一刻槽反射，反射光束之间的干涉造成色散）两类，单色器也因此分为棱镜单色器、光栅单色器两种。

3. 几种类型的分光光度计简介

（1）721 型分光光度计

721 型分光光度计是可见光分光光度计，是 72 型分光光度计的改进型，适用波长范围 368~800 nm，主要用于物质的定量分析。721 与 72 型的主要区别在于：

① 所有部件组装为一体，使仪器更紧凑，使用更方便。

② 适用波长范围更宽。

③ 装备了电子放大装置，使读数更精确。

内部构造和光路系统如图 A30、图 A31 所示。

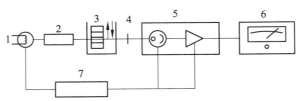

1—光源；2—单色光器；3—比色皿槽；4—光量调节器；5—光电管暗盒部件；
6—灵敏电流表；7—稳压电源。

图 A30　721 型分光光度计内部结构

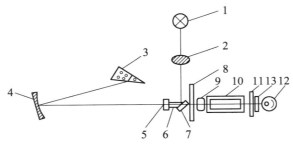

1—光源灯；2—透镜；3—棱镜；4—准直镜；5、13—保护玻璃；6—狭缝；7—反射镜；8—光栏；
9—聚光透镜；10—比色皿；11—光门；12—光电管。

图 A31　721 型分光光度计电路和系统示意图

（2）752 型分光光度计

752 型分光光度计为紫外光栅分光光度计，测定波长 200～800 nm。

① 结构原理

752 型分光光度计由光源室、单色器、样品室、光电管暗盒、电子系统及数字显示器等部件组成，仪器的工作原理如图 A32 所示。仪器内部光路系统如图 A33 所示。

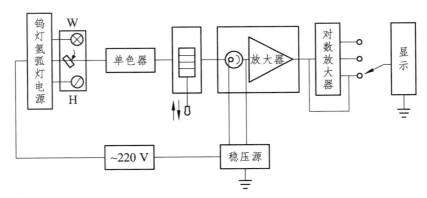

图 A32　752 型分光光度计结构原理图

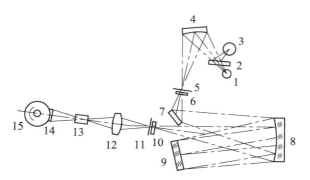

1—钨灯；2—滤色片；3—氢灯；4—聚光镜；5—进狭缝；6—保护玻璃；7—反射镜；
8—准直镜；9—光栅；10—保护玻璃；11—出狭缝；12—聚光镜；13—样品；
14—光门；15—光电管。

图 A33　752 型分光光度计光学系统

从钨灯或氢灯发出的连续辐射经滤色片选择聚光镜聚光后投向单色器进狭缝，此狭缝正好位于聚光镜及单色器内准直镜的焦平面上，因此进入单色器的复合光通过平面反射镜反射及准直镜变成平行光射向色散光栅。

光栅将入射的复合光通过衍射作用形成按照一定顺序均匀排列的连续单色光谱，此时单色光谱重新返回到准直镜，然后通过聚光原理成像在出射狭缝上。出射狭缝选出指定带宽的单色光通过聚光镜落在试样室被测样品中心，样品吸收后透射的光经光门射向光电管阴极面。根据光电效应原理，会产生一股微弱的光电流。此光电流经电流放大器放大，送到数字显示器，测出透光率或吸光度，或通过对数放大器实现对数转换，显示出被测样品的浓度 C 值。

② 使用方法

752 型分光光度计的外部面板如图 A34 所示。

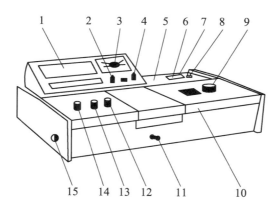

1—数字显示器；2—吸光度调零旋钮；3—选择开关；4—浓度旋钮；5—光源室；6—电源室；
7—氢灯电源开关；8—氢灯触发按钮；9—波长手轮；10—波长刻度窗；11—试样架拉手；
12—100% T 旋钮；13—0% T 旋钮；14—灵敏度旋钮；15—干燥器。

图 A34　752 型分光光度计面板

使用方法如下：

a. 将灵敏度旋钮调到"1"挡（放大倍数最小）。

b. 打开电源开关，钨灯点亮，预热 30 min 即可测定。若需用紫外光则打开"氢灯"开关，再按氢灯触发按钮，氢灯点亮，预热 30 min 后使用。

c. 将选择开关置于"T"。

d. 打开试样室盖，调节 0%旋钮，使数字显示为"0.000"。

e. 调节波长旋钮，选择所需测的波长。

f. 将装有参比溶液和被测溶液的比色皿放入比色皿架中。

g. 盖上样品室盖，使光路通过参比溶液比色皿，调节透光率旋钮，使数字显示为100.0%（T）。如果显示不到 100.0%（T），可适当增加灵敏度的挡数。然后将被测溶液置于光路中，数字显示值即为被测溶液的透光率。

h. 若不需测透光率，仪器显示 100.0%（T）后，将选择开关调至"A"，调节吸光度旋钮，使数字显示为"000.0"。再将被测溶液置于光路后，数字显示值即为溶液的吸光度。

i. 若将选择开关调至"C"，将已知标定浓度的溶液置于光路，调节浓度旋钮使数字显示为标定值，再将被测溶液置于光路，则可显示出相应的浓度值。

③ 注意事项

a. 测定波长在 360 nm 以上时，可用玻璃比色皿；波长在 360 nm 以下时，要用石英比色皿。比色皿外部要用吸水纸吸干，不能用手触摸光面的表面。

b. 仪器配套的比色皿不能与其他仪器的比色皿单个调换。如需增补，应经校正后方可使用。

c. 开关样品室盖时，应小心操作，防止损坏光门开关。

d. 不测量时，应使样品室盖处于开启状态，否则会使光电管疲劳，数字显示不稳定。

e. 当光线波长调整幅度较大时，需稍等数分钟才能工作。因光电管接收光后，需有一段响应时间。

f. 仪器要保持干燥、清洁。

四、电化学测量技术及仪器

电学测量技术在物理化学实验中占有很重要的地位，常用来测量电解质溶液的电导、原电池电动势等参量。作为基础实验，主要介绍传统的电化学测量与研究方法，对于目前利用光、电、磁、声、辐射等非传统的电化学研究方法，本书不予介绍。只有掌握了基本方法，才能正确理解和运用近代电化学研究方法。

（一）电导的测量及所用仪器

测量待测溶液电导的方法称为电导分析法。电导是电阻的倒数，因此电导值的测量，实际上是通过电阻值的测量再换算的，也就是说电导的测量方法应该与电阻的测量方法相同。但在溶液电导的测定过程中，当电流通过电极时，由于离子在电极上会发生放电，产生极化，引起误差，故测量电导时要使用频率足够高的交流电，以防止电解产物的产生。另外，所用的电极镀铂黑是为了减少超电位，提高测量结果的准确性。我们更感兴趣的量是电导率。测量溶液电导率的仪器，目前广泛使用的是 DDS-11A 型电导率仪，下面对其测量原理及操作方法做较详细介绍。

1. DDS-11A 型电导率仪

DDS-11A 型电导率仪的测量范围广，可以测定一般液体和高纯水的电导率，操作简便，可以直接从表上读取数据，并有 0 ~ 10 mV 信号输出，可接自动平衡记录仪进行连续记录。

（1）测量原理

电导率仪的工作原理如图 A35 所示。把振荡器产生的一个交流电压源 E，送到电导池 R_x 与量程电阻（分压电阻）R_m 的串联回路里，电导池里的溶液电导越大，R_x 越小，R_m 获得的电压 E_m 也就越大。将 E_m 送至交流放大器放大，再经过信号整流，以获得推动表头的直流信号输出，表头直读电导率。由图 A35 可知

$$E_m = \frac{ER_m}{(R_m + R_x)} = ER_m \times \left(R_m + \frac{K_c}{\kappa} \right)^{-1}$$

式中　K_c——电导池常数。

当 E、R_m 和 K_c 均为常数时，电导率 κ 的变化必将引起 E_m 作相应变化，所以测量 E_m 的大小，也就测得溶液电导率的数值。

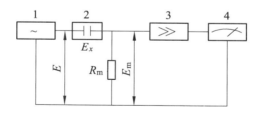

1—振荡器；2—电导池；3—放大器；4—指标器

图 A35　电导率仪测量原理

本机振荡产生低周（约 140 Hz）及高周（约 1 100 Hz）两个频率，分别作为低电导率测量和高电导率测量的信号源频率。振荡器用变压器耦合输出，因而使信号 E 不随 R_x 变化而改变。因为测量信号是交流电，因而电极极片间及电极引线间均出现了不可忽视的分布电容 C_0（大约 60 pF），电导池则有电抗存在，这样将电导池视作纯电阻来测量，则存在比较大的误差，特别在 0 ~ 0.1 μS·cm^{-1} 低电导率范围内，此项影响较显著，需采用电容补偿消除之，其原理见图 A36。

信号源输出变压器的次极有两个输出信号 E_1 及 E，E_1 作为电容的补偿电源。E_1 与 E 的相位相反，所以由 E_1 引起的电流 I_1 流经 R_m 的方向与测量信号 I 流过 R_m 的方向相反。测量信号 I 中包括通过纯电阻 R_x 的电流和流过分布电容 C_0 的电流。调节 K_6 可以使 I_1 与流过 C_0 的电流振幅相等，使它们在 R_m 上的影响大体抵消。

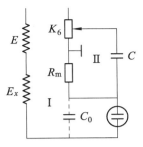

图 A36　电容补偿原理

（2）测量范围

① 测量范围：$0 \sim 105\ \mu S \cdot cm^{-1}$，分 12 个量程。

② 配套电极：DJS-1 型光亮电极、DJS-1 型铂黑电极、DJS-10 型铂黑电极。光亮电极用于测量较小的电导率（$0 \sim 10\ \mu S \cdot cm^{-1}$），而铂黑电极用于测量较大的电导率（$10 \sim 105\ \mu S \cdot cm^{-1}$）。通常用铂黑电极，因为它的表面比较大，这样降低了电流密度，减少或消除了极化。但在测量低电导率溶液时，铂黑对电解质有强烈的吸附作用，出现不稳定的现象，这时宜用光亮铂电极。

③ 电极选择原则列在表 A5 中。

表 A5　电极选择

量程	电导率/$\mu S \cdot cm^{-1}$	测量频率	配套电极
1	$0 \sim 0.1$	低周	DJS-1 型光亮电极
2	$0 \sim 0.3$	低周	DJS-1 型光亮电极
3	$0 \sim 1$	低周	DJS-1 型光亮电极
4	$0 \sim 3$	低周	DJS-1 型光亮电极
5	$0 \sim 10$	低周	DJS-1 型光亮电极
6	$0 \sim 30$	低周	DJS-1 型铂黑电极
7	$0 \sim 10^2$	低周	DJS-1 型铂黑电极
8	$0 \sim 3 \times 10^2$	低周	DJS-1 型铂黑电极
9	$0 \sim 10^3$	高周	DJS-1 型铂黑电极
10	$0 \sim 3 \times 10^3$	高周	DJS-1 型铂黑电极
11	$0 \sim 10^4$	高周	DJS-1 型铂黑电极
12	$0 \sim 10^5$	高周	DJS-10 型铂黑电极

（3）使用方法

DDS-11A 型电导率仪的面板如图 A37 所示。

① 打开电源开关前，应观察表针是否指零，若不指零时，可调节表头的螺丝，使表针指零。

② 将校正/测量开关拨在"校正"位置。

③ 插好电源后，再打开电源开关，此时指示灯亮。预热数分钟，待指针完全稳定下来为止。调节校正调节器，使表针指向满刻度。

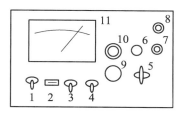

1—电源开关；2—指示灯；3—高周/低周开关；4—校正/测量开关；5—量程选择开关；
6—电容补偿调节器；7—电极插口；8—10 mV 输出插口；9—校正调节器；
10—电极常数调节器；11—表头。

图 A37　DDS-11A 型电导率仪的面板

④ 根据待测液电导率的大致范围选用低周或高周，并将高周、低周开关拨向所选位置。

⑤ 将量程选择开关拨到测量所需范围。如预先不知道被测溶液电导率的大小，则由最大挡逐挡下降至合适范围，以防表针打弯。

⑥ 根据电极选用原则，选好电极并插入电极插口。各类电极要注意调节好配套电极常数，如配套电极常数为 0.95（电极上已标明），则将电极常数调节器调节到相应的位置 0.95 处。

⑦ 倾去电导池中电导水，将电导池和电极用少量待测液洗涤 2~3 次，再将电极浸入待测液中并恒温。

⑧ 将校正、测量开关拨向"测量"，这时表头上的指示读数乘以量程开关的倍率，即为待测液的实际电导率。

⑨ 当量程开关指向黑点时，读表头上刻度（$0~1\ \mu S \cdot cm^{-1}$）的黑颜色数；当量程开关指向红点时，读表头下刻度（$0~3\ \mu S \cdot cm^{-1}$）红颜色的数值。

⑩ 当用 $0~0.1\ \mu S \cdot cm^{-1}$ 或 $0~0.3\ \mu S \cdot cm^{-1}$ 这两挡测量高纯水时，在电极未浸入溶液前，调节电容补偿调节器，使表头指示为最小值（此最小值是电极铂片间的漏阻，由于此漏阻的存在，调节电容补偿调节器时表头指针不能达到零点），然后开始测量。

⑪ 如要想了解在测量过程中电导率的变化情况，将 10 mV 输出接到自动平衡记录仪即可。

（4）注意事项

① 电极的引线不能潮湿，否则测不准。

② 高纯水应迅速测量，否则空气中 CO_2 溶入水中变为 CO_3^{2-}，会使电导率迅速增加。

③ 测定一系列浓度待测液的电导率，应注意按浓度由小到大的顺序测定。

④ 盛待测液的容器必须清洁，没有离子玷污。

⑤ 电极要轻拿轻放，切勿触碰铂黑。

2. DDS-11 型电导仪使用方法。

该仪器的测量原理与 DDS-11A 型电导率仪一样，基于"电阻分压"原理的不平衡测量方法。其面板如图 A38 所示。使用方法如下：

（1）接通电源前，先检查表针是否指零，如不指零，可调节表头上校正螺丝，使表针指零。

（2）接通电源，打开电源开关，指示灯即亮。预热数分钟，即可开始工作。

（3）将测量范围选择器旋钮拨到所需的范围挡。如不知被测液电导的大小范围，则应将旋钮分置于最大量程挡，然后逐挡减小，以保护表不被损坏。

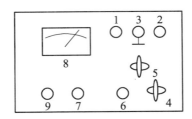

1~3—电极接线柱；4—校正、测量开关；5—范围选择器；6—校正调节器；
7—电源开关；8—指示表；9—电源指示灯。

图 A38　DDS-11 型电导仪的面板

（4）选择电极

本仪器附有三种电极，分别适用于下列电导范围：

① 被测液电导低于 5 μS 时，用 260 型光亮电极；

② 被测液电导在 5~150 mS 时，用 260 型铂黑电极；

③ 被测液电导高于 150 mS 时，用 U 形电极。

（5）连接电极引线

使用 260 型电极时，电极上两根同色引出线分别接在接线柱 1、2 上，另一根引出线接在电极屏蔽线接线柱 3 上。使用 U 形电极时，两根引出线分别接在接线柱 1、2 上。

（6）用少量待测液洗涤电导池及电极 2~3 次，然后将电极浸入待测溶液中，并恒温。

（7）将校正/测量开关扳向"校正"，调节校正调节器，使指针停在红色倒三角处。应注意在电导池接好的情况下方可进行校正。

（8）将校正/测量开关扳向"测量"，这时指针指示的读数即为被测液的电导值。当被测液电导很高时，每次测量都应在校正后方可读数，以提高测量精度。

（二）原电池电动势的测量及所用仪器

原电池电动势一般用直流电位差计并配以饱和式标准电池和检流计来测量。电位差计可分为高阻型和低阻型两类，使用时可根据待测系统的不同选用不同类型的电位差计。通常高电阻系统选用高阻型电位差计，低电阻系统选用低阻型电位差计。但不管电位差计的类型如何，其测量原理都是一样的。下面具体以 UJ-25 型电位差计为例，说明其原理及使用方法。

1. UJ-25 型电位差计

UJ-25 型直流电位差计属于高阻电位差计，它适用于测量内阻较大的电源电动势，以及较大电阻上的电压降等。由于工作电流小，线路电阻大，故在测量过程中工作电流变化很小，因此需要高灵敏度的检流计。它的主要特点是测量时几乎不损耗被测对象的能量，测量结果稳定、可靠，而且有很高的准确度，因此为教学、科研部门广泛使用。

（1）测量原理

电位差计是按照对消法测量原理而设计的一种平衡式电学测量装置，能直接给出待测电池的电动势值（单位：V）。图 A39 是对消法测量电动势原理示意图。从图可知电位差计由三个回路组成：工作电流回路、标准回路和测量回路。

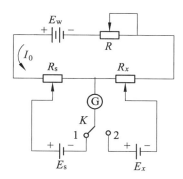

E_w—工作电源；E_s—标准电池；E_x—待测电池；R—调节电阻；R_x—待测电池电动势补偿电阻；
K—转换开关；R_s—标准电池电动势补偿电阻；G—检流计。

图 A39　对消法测量原理示意图

① 工作电流回路，也叫电源回路。从工作电源正极开始，经电阻 R_s、R_x，再经工作电流调节电阻 R，回到工作电源负极。其作用是借助于调节 R 在补偿电阻上产生一定的电位降。

② 标准回路。从标准电池的正极开始（当换向开关 K 扳向"1"一方时），经电阻 R_s，再经检流计 G 回到标准电池负极。其作用是校准工作电流回路以标定补偿电阻上的电位降。通过调节 R 使 G 中电流为零，此时产生的电位降 U 与标准电池的电动势 E_s 相对消，也就是说大小相等而方向相反。校准后的工作电流 I 为某一定值 I_0。

③ 测量回路。从待测电池的正极开始（当换向开关 K 扳向"2"一方时），经检流计 G 再经电阻 R_x，回到待测电池负极。在保证校准后的工作电流 I_0 不变，即固定 R 的条件下，调节电阻 R_x，使得 G 中电流为零。此时产生的电位降 U 与待测电池的电动势 E_x 相对消。

从以上工作原理可见，用直流电位差计测量电动势时，有两个明显的优点：

① 在两次平衡中检流计都指零，没有电流通过，也就是说电位差计既不从标准电池中吸取能量，也不从被测电池中吸取能量，表明测量时没有改变被测对象的状态，因此在被测电池的内部就没有电压降，测得的结果是被测电池的电动势，而不是端电压。

② 被测电动势 E_x 的值是由标准电池电动势 E_s 和电阻 R_s、R_x 来决定的。由于标准电池的电动势的值十分准确，并且具有高度的稳定性，而电阻元件也可以制造得具有很高

的准确度，所以当检流计的灵敏度很高时，用电位差计测量的准确度就非常高。

（2）使用方法

UJ-25 型电位差计面板如图 A40 所示。电位差计使用时都配用灵敏检流计和标准电池以及工作电源。UJ-25 型电位差计测电动势的范围其上限为 600 V，下限为 0.000 001 V，但当测量高于 1.911 110 V 以上电压时，就必须配用分压箱来提高上限。

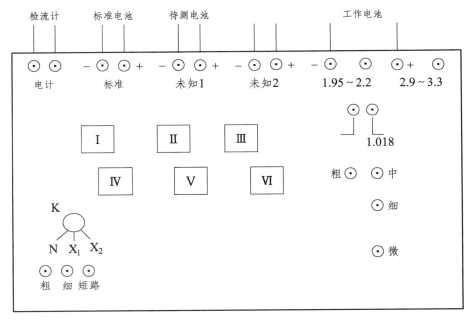

图 A40　UJ-25 型电位差计面板示意图

下面说明测量 1.911 110 V 以下电压的方法：

① 连接线路

先将（N，X_1，X_2）转换开关放在断的位置，并将左下方 3 个电计按钮（粗、细、短路）全部松开，然后依次将工作电源、标准电池、检流计，以及被测电池按正、负极性接在相应的端钮上，检流计没有极性的要求。

② 调节工作电压（标准化）

将室温时的标准电池电动势值算出，对于镉汞标准电池，温度校正公式为：

$$E_t = E_0 - 4.06 \times 10^{-5}(t-20) - 9.5 \times 10^{-7}(t-20)^2$$

式中　E_t——室温 t ℃ 时标准电池电动势；

　　　E_0——标准电池在 20 ℃ 时的电动势，$E_0 = 1.018\,6$。

调节温度补偿旋钮（A，B），使数值为校正后的标准电池电动势。

将（N，X_1，X_2）转换开关放在 N（标准）位置上，按"粗"电计旋钮，旋动右下方（粗、中、细、微）4 个工作电流调节旋钮，使检流计示零，然后再按"细"电计按钮，重复上述操作。注意按电计按钮时，不能长时间按住不放，需要"按"和"松"交替进行。

③ 测量未知电动势

将（N，X_1，X_2）转换开关放在 X_1 或 X_2（未知）的位置，按下电计"粗"，由左向右依次调节 6 个测量旋钮，使检流计示零。然后再按下电计"细"按钮，重复以上操作使检流计示零。读取 6 个旋钮下方小孔示数的总和即为电池的电动势。

（3）注意事项

① 测量过程中，若发现检流计受到冲击时，应迅速按下短路按钮，以保护检流计。

② 由于工作电源的电压会发生变化，故在测量过程中要经常标准化。另外，新制备的电池电动势也不够稳定，应隔数分钟测一次，最后取平均值。

③ 测定时电计按钮按下的时间应尽量短，以防止电流通过而改变电极表面的平衡状态。

若在测定过程中，检流计一直往一边偏转，找不到平衡点，这可能是电极的正负号接错、线路接触不良、导线有断路、工作电源电压不够等原因引起，应该进行检查。

2. 盐 桥

当原电池存在两种电解质界面时，便产生一种称为液体接界电势的电动势，它干扰电池电动势的测定。减小液体接界电势的办法常用盐桥。盐桥是在 U 形玻璃管中灌满盐桥溶液，用捻紧的滤纸塞紧管两端，把管插入两个互相不接触的溶液，使其导通。

一般盐桥溶液用正、负离子迁移速率都接近于 0.5 的饱和盐溶液，比如饱和氯化钾溶液等。这样当饱和盐溶液与另一种较稀溶液相接界时，主要是盐桥溶液向稀溶液扩散，从而减小了液接电势。

应注意盐桥溶液不能与两端电池溶液产生反应。如果实验中使用硝酸银溶液，则盐桥溶液就不能用氯化钾溶液，而选择硝酸铵溶液较为合适，因为硝酸铵中正、负离子的迁移速率比较接近。

3. 标准电池

标准电池是电化学实验中基本校验仪器之一，其构造如图 A41 所示。电池由一个 H 形管构成，负极为含镉 12.5% 的镉汞齐，正极为汞和硫酸亚汞的糊状物，两极之间盛以硫酸镉的饱和溶液，管的顶端加以密封。

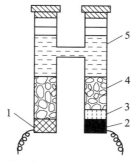

1—含 Cd 12.5% 的镉汞齐；2—汞；3—硫酸亚汞的糊状物；
4—硫酸镉晶体；5—硫酸镉饱和溶液。

图 A41 标准电池

电池反应如下：

负极：$Cd(汞齐) \longrightarrow Cd^{2+} + 2e^-$

正极：$Hg_2SO_4(s) + 2e^- \longrightarrow 2Hg(l) + SO_4^{2-}$

电池反应：$Cd(汞齐) + Hg_2SO_4(s) \cdot 8/3H_2O \Longleftrightarrow 2Hg(l) + CdSO_4 \cdot 8/3H_2O$

标准电池的电动势很稳定，重现性好，20 °C 时 $E_0=1.018\ 6\ V$，其他温度下 E_t 可按下式计算：

$$E_t = E_0 - 4.06 \times 10^{-5}(t-20) - 9.5 \times 10^{-7}(t-20)^2$$

使用标准电池时应注意：

（1）使用温度 4~40 °C。

（2）正负极不能接错。

（3）不能振荡，不能倒置，携取要平稳。

（4）不能用万用表直接测量标准电池。

（5）标准电池只是校验器，不能作为电源使用，测量时间必须短暂，间歇按键，以免电流过大，损坏电池。

（6）电池若未加套直接暴露于日光下，会使硫酸亚汞变质，电动势下降。

（7）按规定时间，需要对标准电池进行计量校正。

4. 常用电极

（1）甘汞电极

甘汞电极是实验室中常用的参比电极。具有装置简单、可逆性高、制作方便、电势稳定等优点。其构造形状很多，但不管哪一种形状，在玻璃容器的底部都装入少量的汞，然后装汞和甘汞的糊状物，再注入氯化钾溶液，将作为导体的铂丝插入，即构成甘汞电极。甘汞电极表示形式如下：

$$Hg-Hg_2Cl_2(s) \mid KCl(aq)$$

电极反应为：$Hg_2Cl_2(s) + 2e^- \longrightarrow 2Hg(l) + 2Cl^-(a_{Cl^-})$

$$\varphi_{甘汞} = \varphi_{甘汞}^{\ominus} - \frac{RT}{F} \ln a_{Cl^-}$$

可见甘汞电极的电势随氯离子活度的不同而改变。不同氯化钾溶液浓度的 $\varphi_{甘汞}$ 与温度的关系见表 A6。

表 A6　不同氯化钾溶液浓度的 $\varphi_{甘汞}$ 与温度的关系

氯化钾溶液浓度/mol·dm^{-3}	电极电势 $\varphi_{甘汞}$/V
饱和	$0.2412 - 7.6 \times 10^{-4}(t-25)$
1.0	$0.2801 - 2.4 \times 10^{-4}(t-25)$
0.1	$0.3337 - 7.0 \times 10^{-5}(t-25)$

不同文献上列出的甘汞电极的电势数据常不相符合，这是因为接界电势的变化对甘汞电极电势有影响，所用盐桥的介质不同影响甘汞电极电势的数据。

使用甘汞电极时应注意：

① 由于甘汞电极在高温时不稳定，故甘汞电极一般适用于 70 ℃ 以下的测量。

② 甘汞电极不宜用在强酸、强碱性溶液中，因为此时的液体接界电位较大，而且甘汞可能被氧化。

③ 如果被测溶液中不允许含有氯离子，应避免直接插入甘汞电极。

④ 应注意甘汞电极的清洁，不得使灰尘或局外离子进入该电极内部。

⑤ 当电极内溶液太少时应及时补充。

（2）铂黑电极

铂黑电极是在铂片上镀一层颗粒较小的黑色金属铂所组成的电极。镀铂是为了增大铂电极的表面积。

电镀前一般需进行铂表面处理。对新制作的铂电极，可放在热的氢氧化钠乙醇溶液中，浸洗 15 min 左右，以除去表面油污，然后在浓硝酸中煮几分钟，取出用蒸馏水冲洗。长时间用过的老化的铂黑电极可浸在 40 ~ 50 ℃ 的混酸中（硝酸、盐酸、水的体积之比=1：3：4），经常摇动电极，洗去铂黑，再经过浓硝酸煮 3 ~ 5 min 以除去氯，最后用水冲洗。以处理过的铂电极为阴极，另一铂电极为阳极，在 5 mol · dm^{-3} 的硫酸中电解 10 ~ 20 min，以消除氧化膜。观察电极表面出氢是否均匀，若有大气泡产生则表明有油污，应重新处理。在处理过的铂片上镀铂黑，一般采用电解法，电解液的配制如下：3 g 氯铂酸（H_2PtCl_6）、0.08 g 醋酸铅（$PbAc_2 \cdot 3H_2O$）、100 mL 蒸馏水（H_2O）。电镀时将处理好的铂电极作为阴极，另一铂电极作为阳极。阴极电流密度 15 mA 左右，电镀约 20 min。如所镀的铂黑一洗即落，则需重新处理。铂黑不宜镀得太厚，但太薄又易老化和中毒。

5. 检流计

检流计灵敏度很高，常用来检查电路中有无电流通过。主要用在平衡式直流电测量仪器如电位差计、电桥中，作为示零仪器，另外在光电测量、差热分析等实验中测量微弱的直流电流。目前实验室中使用最多的是磁电式多次反射光点检流计，它可以和分光光度计及 UJ-25 型电位差计配套使用。

（1）工作原理

磁电式检流计结构如图 A42 所示。当检流计接通电源后，由灯泡、透镜和光栏构成的光源发射出一束光，投射到平面镜上，又反射到反射镜上，最后成像在标尺上。被测电流经悬丝通过动圈时，使动圈发生偏转，其偏转的角度与电流的强弱有关。因平面镜随动圈而转动，所以在标尺上光点移动距离的大小与电流的大小成正比。

电流通过动圈时，产生的磁场与永久磁铁的磁场相互作用，产生转动力矩，使动圈偏转。动圈的偏转又使悬丝的扭力产生反作用力矩，当两个力矩相等时，动圈就停在某一偏转角度上。

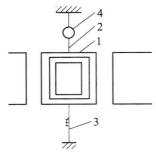

1—动圈；2—悬丝；3—电流引线；4—反射小镜。

图 A42　磁电式检流计结构

（2）AC15 型检流计使用方法

仪器面板如图 A43 所示。

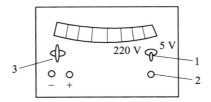

1—电源开关；2—零点调节器；3—分流器开关。

图 A43　AC15 型检流计面板

① 首先检查电源开关所指示的电压是否与所使用的电源电压一致，然后接通电源。

② 旋转零点调节器，将光点准线调至零位。

③ 用导线将输入接线柱与电位差计"电计"接线柱接通。

④ 测量时先将分流器开关旋至最低灵敏度挡（0.01 挡），然后逐渐增大灵敏度进行测量（"直接"挡灵敏度最高）。

⑤在测量中如果光点剧烈摇晃，可按电位差计短路键，使其受到阻尼作用而停止。

⑥实验结束时，或移动检流计时，应将分流器开关置于"短路"，以防止损坏检流计。

（三）溶液 pH 的测量及所用仪器

酸度计是用来测定溶液 pH 的最常用仪器之一，其优点是使用方便、测量迅速。主要由参比电极、指示电极和测量系统三部分组成。参比电极常用的是饱和甘汞电极，指示电极则通常是一支对 H^+ 具有特殊选择性的玻璃电极。组成的电池可表示如下：

玻璃电极│待测溶液‖饱和甘汞电极

鉴于由玻璃电极组成的电池内阻很高，在常温时达几百兆欧，因此不能用普通的电位差计来测量电池的电动势。

酸度计的种类很多，现以 PHS-2 型酸度计为例说明它的使用。此酸度计可以测量 pH 和电动势，其面板如图 A44 所示。

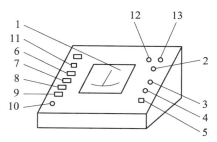

1—指示表；2—pH-mV 分挡开关；3—校正调节器；4—定位调节器；5—读数开关；
6—电源开关；7—pH 按键；8—+mV 按键；9—−mV 按键；10—零点调节器；
11—温度补偿器；12—甘汞电极接线柱；13—玻璃电极插口。

图 A44　PHS-2 型酸度计面板

测量范围：

pH：0～14，量程分 7 挡，每挡为 2；电动势：0～±1 400 mV，每挡为 200 mV。

用本仪器测量 pH 的方法如下：

1．安　　装

将玻璃电极和饱和甘汞电极分别夹在仪器右侧的电极杆上，并将玻璃电极插头插入玻璃电极插孔内，而将甘汞电极引出线接到甘汞电极接线柱上。应注意必须使玻璃电极底部比甘汞电极陶瓷芯端稍高些，以防碰坏玻璃电极。

2．校　　正

（1）接通电源，按下 pH 键，左上角指示灯亮，预热 10 min。

（2）将温度补偿调节器调节到待测溶液温度值。

（3）将 pH-mV 分挡开关置于"6"，调节零度调节器，使表针在"1"的位置，此时 pH=6+1=7。

（4）将 pH-mV 分挡开关置于"校正"处，调节校正调节器，使指针指在满刻度。

（5）将 pH-mV 分挡开关置于"6"，重复检查表针指"1"的位置。

（6）重复上述步骤（3）（4）（须待仪表指示稳定后进行调整）。

（7）pH-mV 分挡开关置于"6"位置。

3．定　　位

在烧杯内放入已知 pH 的缓冲溶液，将两电极浸入溶液中，按下读数开关，调节校正调节器使表针指示在该 pH（即 pH-mV 分挡开关指示值加上表针的指示值）。摇动烧杯，若指针有偏离，应再调节定位调节器使之指在已知 pH 处。

4．测　　量

（1）放开读数开关。

（2）移去缓冲溶液烧杯，用蒸馏水洗净电极，并用滤纸吸干，再将电极插入待测溶液烧杯中。

（3）按下读数开关，调节 pH-mV 分挡开关，使能读出指示值。调节方法是：若指针偏出左面刻度，应减小 pH-mV 分挡开关值；若指针偏出右面刻度，则应增加 pH-mV 分挡开关值。

（四）恒电位仪工作原理及使用方法

1. 测量原理

恒电位仪主要用在恒电位极化实验中。恒电位和恒电流测量原理如图 A45 所示。

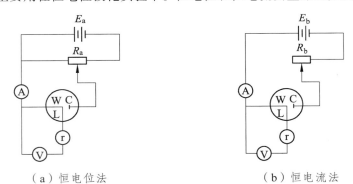

（a）恒电位法　　　　　　　　（b）恒电流法

E_a—低压（几伏）稳压电源；E_b—稳压电源（几十伏到一百伏）；R_a—低电阻（几欧姆）；R_b—高电阻（几十千欧姆到一百千欧姆）；A—精密电流表；V—高阻抗毫伏计；L—鲁金毛细管；C—辅助电极；W—工作电极；r—参比电极。

图 A45　恒电位和恒电流测量原理

2. 使用方法

HDV-7 型晶体管恒电位仪面板如图 A46 所示。

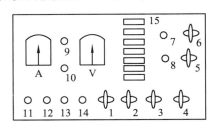

1—电流量程；2—电位测量选择；3—工作选择；4—电源开关；5—补偿增益；6—补偿衰减；7—恒电位粗调；8—恒电位细调；9—恒电流粗调；10—恒电流细调；11—辅助；12—参比；13、14—研究；15—电位量程。

图 A46　HDV-7 型晶体管恒电位仪面板

使用方法如下：

（1）仪器面板的"研究"接线柱和"*"接线柱分别用两根导线接电解池的研究电极；"参比"接线柱接电解池参比电极；"辅助"接线柱接电解池辅助电极。

（2）外接电流表应接在"辅助"与电解池辅助电极之间。

（3）仪器通电前，电位量程应置"−3V～+3V"挡，"补偿衰减"置"0"，"补偿增益"置"1"。

（4）"工作选择"置"恒电位""电源开关"置"自然"挡，指示灯亮，预热 15 min。

（5）"电位测量选择"置"调零"挡，旋动"调零"电位器使电压表指"0"。"电位测量选择"置"参比"挡时，电压表指示的是研究电极相对参比电极的稳定电位值（自然电位）。"电位测量选择"置"给定"挡时，电压表指示的是欲选择的研究电极相对于参比电极的电位（给定电位）。

（6）调节"给定电位"等于"自然电位""电源开关"置"极化"挡，仪器即进入恒电位极化工作状态。调节"恒电位粗调"和"恒电位细调"即可按要求进行恒电位极化实验。

（7）恒电位仪可做多种实验，其他用法可阅读仪器说明书。

附录 B 国际单位制

表 B1 SI 基本单位

量		单 位	
名称	符号	名称	符号
长度	l	米	m
质量	m	千克（公斤）	kg
时间	t	秒	s
电流	I	安［培］	A
热力学温度	T	开［尔文］	K
物质的量	n	摩［尔］	mol
发光强度	I_v	坎［德拉］	cd

表 B2 常用的 SI 导出单位

量		单 位		
名称	符号	名称	符号	定义式
频率	v	赫［兹］	Hz	s^{-1}
能量	E	焦［耳］	J	$kg \cdot m^2 \cdot s^{-2}$
力	F	牛［顿］	N	$kg \cdot m \cdot s^{-2} = J \cdot m^{-1}$
压力	p	帕［斯卡］	Pa	$kg \cdot m^{-1} \cdot s^{-2} = N \cdot m^{-2}$
功率	P	瓦［特］	W	$kg \cdot m^2 \cdot s^{-3} = J \cdot s^{-1}$
电量	Q	库［仑］	C	$A \cdot s$
电位（压、动势）	U	伏［特］	V	$kg \cdot m^2 \cdot s^{-3} \cdot A^{-1} = J \cdot A^{-1} \cdot s^{-1}$
电阻	R	欧［姆］	Ω	$kg \cdot m^2 \cdot s^{-3} \cdot A^{-2} = V \cdot A^{-1}$
电导	G	西［门子］	S	$kg^{-1} \cdot m^{-2} \cdot s^3 \cdot A^2 = \Omega^{-1}$
电容	C	法［拉］	F	$A^2 \cdot S^4 \cdot kg^{-1} \cdot m^{-2} = A \cdot s \cdot V^{-1}$
磁通量	Φ	韦［伯］	Wb	$kg \cdot m^2 \cdot s^{-2} \cdot A^{-1} = V \cdot s$
电感	L	亨［利］	H	$kg \cdot m^2 \cdot s^{-2} \cdot A^{-2} = V \cdot A^{-1} \cdot s$
磁通量密度（磁感应强度）	B	特［斯拉］	T	$kg \cdot s^{-2} \cdot A^{-1} = V \cdot s$

表 B3　国际制词冠

因数	词冠	名称	词冠代号	因数	词冠	名称	词冠代号
10^{12}	tera	（太）	T	10^{-1}	deci	（分）	d
10^{9}	giga	（吉）	G	10^{-2}	centi	（厘）	c
10^{6}	mega	（兆）	M	10^{-3}	milli	（毫）	m
10^{3}	kilo	（千）	k	10^{-6}	micro	（微）	μ
10^{2}	hecto	（百）	h	10^{-9}	nano	（纳）	n
10^{1}	deca	（十）	da	10^{-12}	pico	（皮）	p
				10^{-15}	femto	（飞）	f
				10^{-18}	atto	（阿）	a

表 B4　单位换算表

单位名称	符号	折合 SI 单位制	单位名称	符号	折合 SI 单位制
力的单位			功能单位		
1 公斤力 1 达因	kgf dyn	$=9.80665$ N $=10^{-5}$ N	1 公斤力·米 1 尔格	kgf·m erg	$=9.80665$ J $=10^{-7}$ J
黏度单位			1 升·大压	L·atm	$=101.328$ J
泊	P	$=0.1$ N·s·m^{-2}	1 瓦特·小时	W·h	$=3600$ J
厘泊	cP	$=10^{-3}$ N·s·m^{-2}	1 卡	cal	$=4.1868$ J
压力单位			功率单位		
毫巴	mbar	$=100$ N·m^{-2}(Pa)	1 公斤力·米·秒$^{-1}$	kgf·m·s^{-1}	$=9.80665$ W
1 达因·厘米$^{-2}$	dyn·cm^{-2}	$=0.1$ N·m^{-2}(Pa)	1 尔格·秒$^{-1}$	erg·s^{-1}	$=10^{-7}$ W
1 公斤力·厘米$^{-2}$	kgf·cm^{-2}	$=98066.5$ N·m^{-2}(Pa)	1 大卡·小时$^{-1}$	kcal·h^{-1}	$=1.163$ W
1 工程大压	af	$=98066.5$ N·m^{-2}(Pa)	1 卡·秒$^{-1}$	cal·s^{-1}	$=4.1868$ W
标准大气压	atm	$=101324.7$ N·m^{-2}(Pa)	电磁单位		
1 毫米水高	mmH$_2$O	$=9.80665$ N·m^{-2}(Pa)	1 伏·秒	V·s	$=1$ Wb
1 毫米汞高	mmHg	$=133.322$ N·m^{-2}(Pa)	1 安·小时	A·h	$=3600$ C
比热单位			1 德拜	D	$=3.334\times10^{-30}$ C·m
1 卡·克$^{-1}$·度$^{-1}$	cal·g^{-1}·°C^{-1}	$=4186.8$ J·kg^{-1}·°C^{-1}	1 高斯	G	$=10^{-4}$ T
1 尔格·克$^{-1}$·度$^{-1}$	erg·g^{-1}·°C^{-1}	$=10^{-4}$ J·kg^{-1}·°C^{-1}	1 奥斯特	Oe	$=1000(4\pi)^{-1}$ A

附录 C 常用物理化学常数

表 C1 原子量四位数表

（以 ^{12}C 的相对原子质量=12 为标准）表中除了五种元素有较大的误差外，所列数值均准确到第四位有效数字，其末位数的误差不超过±1。对于既无稳定同位素又无特征天然同位素的各个元素，均以该元素的一种熟知的放射性同位素来表示，表中用其质量数（写在化学符号的左上角）及相对原子质量标出。

序数	名称	符号	原子量	序数	名称	符号	原子量	序数	名称	符号	原子量
1	氢	H	1.008	28	镍	Ni	58.69	55	铯	Cs	132.9
2	氦	He	4.003	29	铜	Cu	63.55	56	钡	Ba	137.3
3	锂	Li	6.941	30	锌	Zn	65.39	57	镧	La	138.9
4	铍	Be	9.012	31	镓	Ga	69.72	58	铈	Ce	140.1
5	硼	B	10.81	32	锗	Ge	72.61	59	镨	Pr	140.9
6	碳	C	12.01	33	砷	As	74.92	60	钕	Nd	144.2
7	氮	N	14.01	34	硒	Se	78.96	61	钷	Pm	144.9
8	氧	O	16.00	35	溴	Br	79.90	62	钐	Sm	150.4
9	氟	F	19.00	36	氪	Kr	83.80	63	铕	Eu	152.0
10	氖	Ne	20.18	37	铷	Rb	85.47	64	钆	Gd	157.3
11	钠	Na	22.99	38	锶	Sr	87.62	65	铽	Tb	158.9
12	镁	Mg	24.31	39	钇	Y	88.91	66	镝	Dy	162.5
13	铝	Al	26.98	40	锆	Zr	91.22	67	钬	Ho	164.9
14	硅	Si	28.09	41	铌	Nb	92.91	68	铒	Er	167.3
15	磷	P	30.97	42	钼	Mo	95.94	69	铥	Tm	168.9
16	硫	S	32.07	43	锝	Te	98.91	70	镱	Yb	173.0
17	氯	Cl	35.45	44	钌	Ru	101.1	71	镥	Lu	175.0
18	氩	Ar	39.95	45	铑	Rh	102.9	72	铪	Hf	178.5
19	钾	K	39.10	46	钯	Pd	106.4	73	钽	Ta	180.9
20	钙	Ca	40.08	47	银	Ag	107.9	74	钨	W	183.9
21	钪	Sc	44.96	48	镉	Cd	112.4	75	铼	Re	186.2
22	钛	Ti	47.88	49	铟	In	114.8	76	锇	Os	190.2
23	钒	V	50.94	50	锡	Sn	118.7	77	铱	Ir	192.2
24	铬	Cr	52.00	51	锑	Sb	121.8	78	铂	Pt	195.1
25	锰	Mn	54.94	52	碲	Te	127.6	79	金	Au	197.0
26	铁	Fe	55.85	53	碘	I	126.9	80	汞	Hg	200.6
27	钴	Co	58.93	54	氙	Xe	131.3	81	铊	Tl	204.4

序数	名称	符号	原子量	序数	名称	符号	原子量	序数	名称	符号	原子量
82	铅	Pb	207.2	91	镤	^{231}Pa	231.0	100	镄	^{257}Fm	257.1
83	铋	Bi	209.0	92	铀	U	238.0	101	钔	^{256}Md	256.1
84	钋	^{210}Po	210.0	93	镎	^{237}Np	237.0	102	锘	^{259}No	259.1
85	砹	^{210}At	210.0	94	钚	^{239}Pu	239.1	103	铹	^{260}Lr	260.1
86	氡	^{222}Rn	222.0	95	镅	^{243}Am	243.1	104	𬬻	^{261}Rf	261.1
87	钫	^{223}Fr	223.2	96	锔	^{247}Cm	247.1	105	𬭊	^{262}Db	262.1
88	镭	^{226}Ra	226.0	97	锫	^{247}Bk	247.1	106	𬭳	^{263}Sg	263.1
89	锕	^{227}Ac	227.0	98	锎	^{252}Ct	252.1	107	𬭛	^{262}Bh	262.1
90	钍	Th	232.0	99	锿	^{252}Es	252.1	108	𬭶	^{266}Hs	266.1

表 C2　不同温度(t/°C)时水的蒸气压

t/°C	0.0		0.2		0.4		0.6		0.8	
	mmHg	Pa	mmHg	Pa	mmHg	Pa	mmHg	Pa	mmHg	Pa
−15	1.436	191.45	1.414	188.52	1.390	185.32	1.368	182.38	1.345	179.32
−14	1.560	209.98	1.534	204.52	1.511	201.45	1.485	197.98	1.460	194.65
−13	1.691	225.45	1.665	221.98	1.637	218.25	1.611	214.78	1.585	211.32
−12	1.834	244.51	1.804	240.51	1.776	236.78	1.748	233.05	1.720	229.31
−11	1.987	264.91	1.955	260.64	1.924	256.51	1.893	252.38	1.863	248.38
−10	2.149	286.51	2.116	282.11	2.084	277.84	2.050	273.31	2.018	269.04
−9	2.326	310.11	2.289	305.17	2.254	300.51	2.219	295.84	2.184	291.18
−8	2.514	335.17	2.475	329.97	2.437	324.91	2.399	319.84	2.362	314.91
−7	2.715	361.97	2.674	356.50	2.633	351.04	2.593	345.70	2.533	340.37
−6	2.931	390.77	2.887	384.90	2.843	379.03	2.800	373.30	2.757	367.57
−5	3.163	421.70	3.115	415.30	3.069	409.17	3.022	402.90	2.976	396.77
−4	3.410	454.63	3.359	447.83	3.309	441.16	3.259	434.50	3.211	428.10
−3	3.673	489.69	3.620	482.63	3.567	475.56	3.514	468.49	3.461	461.43
−2	3.956	527.42	3.898	519.69	3.841	512.09	3.785	504.62	3.730	497.29
−1	4.258	567.69	4.196	559.42	4.135	551.29	4.075	543.29	4.016	535.42
−0	4.579	610.48	4.513	601.68	4.448	593.02	4.385	584.62	4.320	575.95
0	4.579	610.48	4.647	619.35	4.715	628.61	4.785	637.95	4.855	647.28
1	4.926	656.74	4.998	666.34	5.070	675.94	5.144	685.81	5.219	685.81
2	5.294	705.81	5.370	716.94	5.447	726.20	5.525	736.60	5.605	747.27
3	5.685	757.94	5.766	768.73	5.848	779.67	5.931	790.73	6.015	801.93
4	6.10	713.40	6.187	824.86	6.274	836.46	6.363	848.33	6.453	860.33

$t/°C$	0.0		0.2		0.4		0.6		0.8	
	mmHg	Pa	mmHg	Pa	mmHg	Pa	mmHg	Pa	mmHg	Pa
5	6.543	872.33	6.635	884.59	6.728	896.99	6.822	909.52	6.917	922.19
6	7.013	934.99	7.111	948.05	7.209	961.12	7.309	974.45	7.411	988.05
7	7.513	1001.65	7.617	1015.51	7.722	1029.51	7.828	1043.64	7.936	1058.04
8	8.045	1072.58	8.155	1087.24	8.267	1102.17	8.380	1117.24	8.494	1132.44
9	8.609	1147.77	8.727	1163.50	8.845	1179.23	8.965	1195.23	9.086	1211.36
10	9.209	1227.76	9.333	1244.29	9.458	1260.96	9.585	1277.89	9.714	1295.09
11	9.844	1312.42	9.976	1330.02	10.109	1347.75	10.244	1365.75	10.380	1383.88
12	10.518	1402.28	10.658	1420.95	10.799	1439.74	10.941	1458.68	11.085	1477.87
13	11.231	1497.34	11.379	1517.07	11.528	1536.94	11.680	1557.20	11.833	1577.60
14	11.987	1598.13	12.144	1619.06	12.302	1640.13	12.462	1661.46	12.624	1683.06
15	12.788	1704.92	12.953	1726.92	13.121	1749.32	13.290	1771.85	13.491	1794.65
16	13.634	1817.71	13.809	1841.04	13.987	1864.77	14.166	1888.64	14.347	1912.77
17	14.530	1937.17	14.715	1961.83	14.903	1986.90	15.092	2012.10	15.284	2037.69
18	15.477	2063.42	15.673	2089.56	15.871	2115.95	16.071	2142.62	16.272	2169.42
19	16.477	2196.75	16.685	2224.48	16.894	2252.34	17.105	2280.47	17.315	2309.00
20	17.535	2337.80	17.753	2366.87	17.974	2396.33	18.197	2426.06	18.422	2456.06
21	18.650	2486.46	18.880	2517.12	19.113	2548.18	19.349	2579.65	19.587	2611.38
22	19.827	2643.38	20.070	2675.77	20.316	2708.57	20.565	2741.77	20.815	2775.10
23	21.068	2808.83	21.324	2842.96	21.583	2877.49	21.845	2912.42	22.110	2947.75
24	22.377	2983.35	22.648	3019.48	22.922	3056.01	23.198	3092.80	23.476	3129.37
25	23.756	3167.20	24.039	3204.93	24.306	3243.19	24.617	3281.99	24.912	3321.32
26	25.209	3360.91	25.509	3400.91	25.812	3441.31	26.117	3481.97	26.426	3523.27
27	26.739	2564.90	27.055	3607.03	27.374	3649.56	27.696	3629.49	28.021	3735.82
28	28.349	3779.55	28.680	3823.67	29.015	3868.34	29.354	3913.53	29.697	3959.26
29	30.043	4005.39	30.392	4051.92	30.745	4098.98	23.934	4146.58	31.461	4194.44
30	31.824	4242.84	32.191	4291.77	32.561	4341.10	31.102	4390.83	33.312	4441.22
31	33.695	4492.28	34.085	4544.28	34.471	4595.74	34.864	4648.14	35.261	4701.07
32	35.663	4754.66	36.068	4808.66	36.477	4863.19	36.891	4918.38	37.308	4973.98
33	37.729	5030.11	38.155	5086.90	38.584	5144.10	39.018	5201.96	39.457	5260.49
34	39.898	5319.28	40.344	5378.74	40.796	5439.00	41.251	5499.67	41.710	5560.86
35	42.175	5622.86	42.644	5685.38	43.117	5748.44	43.595	5812.17	44.078	5876.57
36	44.563	5941.23	45.054	6006.69	45.549	6072.68	46.050	6139.48	46.556	6206.94
37	47.067	6275.07	47.582	6343.73	48.102	6413.05	48.627	6483.05	49.157	6553.71

$t/°C$	0.0		0.2		0.4		0.6		0.8	
	mmHg	Pa	mmHg	Pa	mmHg	Pa	mmHg	Pa	mmHg	Pa
38	49.692	6625.04	50.231	6696.90	50.774	6769.29	51.323	6842.49	51.879	6916.61
39	52.442	6991.67	53.009	7067.22	53.580	7143.39	54.156	7220.19	54.737	7297.65
40	55.324	7375.91	55.91	7454.0	56.51	7534.0	57.11	7614.0	57.72	7695.3
41	58.34	7778.0	58.96	7860.7	59.58	7943.3	60.22	8028.7	60.86	8114.0
42	61.50	8199.3	62.14	8284.6	62.80	8372.6	63.46	8460.6	64.12	8548.6
43	64.80	8639.3	65.48	8729.9	66.16	8820.6	66.86	8913.9	67.56	9007.2
44	68.26	9100.6	68.97	9195.2	69.69	9291.2	70.41	9387.2	71.14	9484.5
45	71.88	9583.2	72.62	9681.8	73.36	9780.5	74.12	9881.8	74.88	9983.2
46	75.65	10085.8	76.43	10189.8	77.21	10293.8	78.00	10399.1	78.80	10505.8
47	79.60	10612.4	80.41	10720.4	81.23	10829.7	82.05	10939.1	82.87	11048.4
48	83.71	11160.4	84.56	11273.7	85.42	11388.4	86.28	11503.0	87.14	11617.7
49	88.02	11735.0	88.90	11852.3	89.79	11971.0	90.69	12091.0	91.59	12211.0
50	92.51	12333.6	93.5	12465.6	94.4	12585.6	95.3	12705.6	96.3	12838.9
51	97.20	12958.9	98.2	13092.2	99.1	13212.2	100.1	13345.5	101.1	13478.9
52	102.09	13610.8	103.1	13745.5	104.1	13878.8	105.1	14012.1	106.2	14158.8
53	107.20	14292.1	108.2	14425.4	109.3	14572.1	110.4	14718.7	111.4	14852.1
54	112.51	15000.1	113.6	15145.4	114.7	15292.0	115.8	15438.7	116.9	15585.3
55	118.04	15737.3	119.0	15878.7	120.3	16038.6	121.5	16198.6	122.6	16345.3
56	123.80	16505.3	125.0	16665.3	126.2	16825.2	127.4	16985.2	128.6	17145.2
57	129.82	17307.9	131.0	17465.2	132.3	17638.5	133.5	17798.5	134.7	17958.5
58	136.03	18142.5	137.3	18305.1	138.5	18465.1	139.9	18651.7	141.2	18825.1
59	142.60	19011.7	143.9	19185.0	145.2	19358.4	146.6	19545.0	148.0	19731.7
60	149.38	19915.6	150.7	20091.6	152.1	20278.3	153.5	20464.9	155.0	20664.9
61	156.43	20855.6	157.8	21038.2	159.3	21238.2	160.8	21438.2	162.3	21638.2
62	163.77	21834.1	165.2	22024.8	166.8	22238.1	168.3	22438.1	169.8	22638.1
63	171.38	22848.7	172.9	23051.4	174.5	23264.7	176.1	23478.0	177.7	23691.3
64	179.31	23906.0	180.9	24117.9	182.5	24331.3	184.2	24557.9	185.8	24771.2
65	187.54	25003.2	189.2	25224.5	190.9	25451.2	192.6	25677.8	194.3	25904.5
66	196.09	26143.1	197.8	26371.1	199.5	26597.7	201.3	26837.7	203.1	27077.7
67	204.96	27325.7	206.8	27571.0	208.6	27811.0	210.5	28064.3	212.3	28304.3
68	214.17	28553.6	216.0	28797.6	218.0	29064.2	219.9	29317.5	221.8	29570.8
69	223.73	29328.1	225.7	30090.8	227.7	30357.4	229.7	30624.1	231.7	30890.7
70	233.7	31157.4	235.7	31424.0	237.7	31690.6	239.7	31957.3	241.8	32237.3

t/°C	0.0		0.2		0.4		0.6		0.8	
	mmHg	Pa	mmHg	Pa	mmHg	Pa	mmHg	Pa	mmHg	Pa
71	243.9	32517.2	246.0	32797.2	248.2	33090.5	250.3	33370.5	252.4	33650.5
72	254.6	33943.8	256.8	34237.1	259.0	34580.4	261.2	34823.7	263.4	35117.0
73	265.7	35423.7	268.0	35730.3	270.2	36023.6	272.6	36343.6	274.3	36636.9
74	277.2	36956.9	279.4	37250.2	281.8	37570.1	284.2	37890.1	286.6	38210.1
75	289.1	38543.4	291.5	38863.4	294.0	39196.7	296.4	39516.6	298.8	39836.6
76	301.4	40183.3	303.8	40503.2	306.4	40849.9	308.9	41183.2	311.4	41516.5
77	314.1	41876.4	316.6	42209.7	319.2	42556.4	322.0	42929.7	324.6	43276.3
78	327.3	43636.3	330.0	43996.3	332.8	44369.0	335.6	44742.9	338.2	45089.5
79	341.0	45462.8	343.8	45836.1	346.6	46209.4	349.4	46582.7	352.2	46956.0
80	355.1	47342.6	358.0	47729.3	361.0	48129.2	363.8	48502.5	366.8	48902.5
81	369.7	49289.1	372.6	49675.8	375.6	50075.7	378.8	50502.4	381.8	50902.3
82	384.9	51315.6	388.0	51728.9	391.2	52155.6	394.4	52582.2	397.4	52982.2
83	400.6	53408.8	403.8	53835.4	407.0	54262.1	410.2	54688.7	413.6	55142.0
84	416.8	55568.6	420.2	56021.9	423.6	56475.2	426.8	56901.8	430.2	57355.1
85	433.6	57808.4	437.0	58261.7	440.4	58715.0	444.0	59195.0	447.5	59661.6
86	450.9	60114.9	454.4	60581.5	458.0	61061.5	461.6	61541.4	465.2	62021.4
87	468.7	62488.0	472.4	62981.3	476.0	63461.3	479.8	63967.9	483.4	64447.9
88	487.1	64941.1	491.0	65461.1	494.7	65954.4	498.5	66461.0	502.2	66954.3
89	506.1	67474.3	510.0	67994.2	513.9	68514.2	517.8	69034.1	521.8	69567.4
90	525.76	70095.4	529.77	70630.0	533.80	71167.3	537.86	71708.0	541.95	72253.9
91	546.05	72800.5	550.18	73351.1	554.35	73907.1	558.53	74464.3	562.75	75027.0
92	566.99	75592.2	571.26	76161.5	575.55	76733.5	579.87	77309.4	584.22	77889.4
93	588.60	78473.3	593.00	79059.9	597.43	79650.6	601.89	80245.2	606.38	80843.8
94	610.90	81446.4	615.44	82051.7	620.01	82661.0	624.61	83274.3	629.24	83891.5
95	633.90	84512.8	638.59	85138.1	643.30	85766.0	648.05	86399.3	652.82	87035.3
96	657.62	87675.2	662.45	88319.2	667.31	88967.1	672.20	89619.0	677.12	90275.0
97	682.07	90934.9	687.04	91597.5	692.05	92265.5	697.10	92938.8	702.17	93614.7
98	707.27	94294.7	712.40	94978.6	717.56	95666.5	722.75	96358.5	727.98	97055.7
99	733.24	97757.0	738.52	98462.3	743.85	99171.6	749.20	99884.8	754.58	100602.1
100	760.00	101324.7	765.45	102051.3	770.93	102781.9	776.44	103516.5	782.00	104257.8
101	787.57	105000.4	793.18	105748.3	798.82	106500.3	804.50	107257.5	810.21	108018.8

表 C3　有机化合物的蒸气压

下列各化合物的蒸气压可用方程式：$\lg p = A - \dfrac{B}{(C-t)}$ 计算，式中 A、B、C 为三常数；p 为化合物的蒸气压，mmHg；t 为温度，℃。

名称	分子式	温度范围/℃	A	B	C
四氯化碳	CCl_4		6.87926	1212.021	226.41
氯仿	$CHCl_3$	$-35 \sim 61$	6.4934	929.44	196.03
甲醇	CH_4O	$-14 \sim 65$	7.89750	1474.08	229.13
二氯乙烷	$C_2H_4Cl_2$	$-31 \sim 99$	7.0253	1271.3	222.9
醋酸	$C_2H_4O_2$	liq.	7.38782	1533.313	222.309
乙醇	C_2H_6O	$-2 \sim 100$	8.32109	1718.10	237.52
丙酮	C_3H_6O	liq.	7.11714	1210.595	229.664
异丙醇	C_3H_8O	$0 \sim 101$	8.11778	1580.92	219.61
乙酸乙酯	$C_4H_8O_2$	$15 \sim 76$	7.10179	1244.95	217.88
正丁醇	$C_4H_{10}O$	$15 \sim 131$	7.47680	1362.39	178.77
苯	C_6H_6	$8 \sim 103$	6.90565	1211.033	220.790
环己烷	C_6H_{12}	$20 \sim 81$	6.84130	1201.53	222.65
甲苯	C_7H_8	$6 \sim 137$	6.95464	1344.800	219.48
乙苯	C_8H_{10}	$26 \sim 164$	6.95719	1424.255	213.21

表 C4　水的密度

$T/℃$	$\rho/10^3 kg \cdot m^3$	$T/℃$	$\rho/10^3 kg \cdot m^3$	$T/℃$	$\rho/10^3 kg \cdot m^3$
0	0.99987	20	0.99823	40	0.99224
1	0.99993	21	0.99802	41	0.99186
2	0.99997	22	0.99780	42	0.99147
3	0.99999	23	0.99756	43	0.99107
4	1.00000	24	0.99732	44	0.99066
5	0.99999	25	0.99707	45	0.99025
6	0.99997	26	0.99681	46	0.98982

$T/^\circ C$	$\rho/10^3 kg \cdot m^3$	$T/^\circ C$	$\rho/10^3 kg \cdot m^3$	$T/^\circ C$	$\rho/10^3 kg \cdot m^3$
7	0.99997	27	0.99654	47	0.98940
8	0.99988	28	0.99626	48	0.98896
9	0.99931	29	0.99597	49	0.98852
10	0.99973	30	0.99567	50	0.98807
11	0.99963	31	0.99537	51	0.98762
12	0.99952	32	0.99505	52	0.98715
13	0.99940	33	0.99473	53	0.98669
14	0.99927	34	0.99440	54	0.98621
15	0.99913	35	0.99406	55	0.98573
16	0.99897	36	0.99371	60	0.98324
17	0.99880	37	0.99336	65	0.98059
18	0.99862	38	0.99299	70	0.97781
19	0.99843	39	0.99262	75	0.97489

表 C5　常用有机化合物的密度

下列几种有机化合物的密度可用方程式：$\rho_t = \rho_0 + 10^{-3}\alpha(t-t_0) + 10^{-6}\beta(t-t_0)^2 + 10^{-9}\gamma(t-t_0)^3$ 来计算。式中 ρ_0 为 $t_0 = 0\ ^\circ C$ 时的密度，g/cm^3。

化合物	ρ_0	α	β	γ	温度范围/$^\circ C$
四氯化碳	1.63255	−1.9110	−0.690		0 ~ 40
氯仿	1.52643	−1.8563	−0.5309	−8.81	−53 ~ 55
乙醚	0.73629	−1.1138	−1.237		0 ~ 70
乙醇	0.78506	−0.8591	−0.56	−5	
	（$t_0 = 25\ ^\circ C$）				
醋酸	1.0724	−1.1229	0.058	−2.0	9 ~ 100
丙酮	0.81248	−1.100	−0.858		0 ~ 50
异丙醇	0.8014	−0.809	−0.27		0 ~ 25
正丁醇	0.82390	−0.699	−0.32		0 ~ 47
乙酸甲酯	0.95932	−1.2710	−0.405	−6.00	0 ~ 100
乙酸乙酯	0.92454	−1.168	−1.95	20	0 ~ 40
环己烷	0.79707	−0.8879	−0.972	1.55	0 ~ 65
苯	0.90005	−1.0638	−0.0376	−2.213	11 ~ 72

表 C6　20 °C 下乙醇水溶液的密度

乙醇的质量分数/%	$\rho/10^3 \, kg \cdot m^{-3}$	乙醇的质量分数/%	$\rho/10^3 \, kg \cdot m^{-3}$
0	0.99828	55	0.90258
10	0.98187	60	0.89113
15	0.97514	65	0.87948
20	0.96864	70	0.86766
25	0.96168	75	0.85564
30	0.95382	80	0.84344
35	0.94494	85	0.83095
40	0.93518	90	0.81797
45	0.92472	95	0.80424
50	0.91384	100	0.78934

表 C7　乙醇水溶液的混合体积与浓度的关系

（温度为 20 °C，混合物的质量为 100 g）

乙醇的质量分数%	$V_{混}/mL$	乙醇的质量分数%	$V_{混}/mL$
20	103.24	60	112.22
30	104.84	70	115.25
40	106.93	80	118.56
50	109.43		

表 C8　水在不同温度下的折射率、黏度和介电常数

温度/°C	折射率 n_D	黏度[①]$\eta/10^{-3} \, kg \cdot m^{-1} \cdot s^{-1}$	介电常数[②]ε_r
0	1.33395	1.7702	87.74
5	1.33388	1.5108	85.76
10	1.33369	1.3039	83.83
15	1.33339	1.1374	81.95
20	1.33300	1.0019	80.10
21	1.33290	0.9764	79.73
22	1.33280	0.9532	79.38
23	1.33271	0.9310	79.02
24	1.33261	0.9100	78.65
25	1.33250	0.8903	78.30
26	1.33240	0.8703	77.94

温度/°C	折射率 n_D	黏度[①]$\eta/10^{-3}$ kg·m⁻¹·s⁻¹	介电常数[②]ε_r
27	1.33229	0.8512	77.60
28	1.33217	0.8328	77.24
29	1.33206	0.8145	76.90
30	1.33194	0.7973	76.55
35	1.33131	0.7190	74.83
40	1.33061	0.6526	73.15
45	1.32985	0.5972	71.51
50	1.32904	0.5468	69.91

注：①黏度是指单位面积的液层，以单位速度流过相隔单位距离的固定液面时所需的切线力。

其单位是：牛顿秒每平方米，即 N·s·m⁻²，或 kg·m⁻¹·s⁻¹ 或 Pa·s。

②介电常数（相对）是指某物质作为介质时，与相同条件真空情况下电容的比值。故介电常数又称相对电容率，无量纲。

表 C9　25 ℃下某些液体的折射率

名称	n_D^{25}	名称	n_D^{25}
甲醇	1.326	四氯化碳	1.459
乙醚	1.352	乙苯	1.493
丙酮	1.357	甲苯	1.494
乙醇	1.359	苯	1.498
醋酸	1.370	苯乙烯	1.545
乙酸乙酯	1.370	溴苯	1.557
正己烷	1.372	苯胺	1.583
1-丁醇	1.397	溴仿	1.587
氯仿	1.444		

表 C10　液体的黏度

物质	$\eta/10^3$ Pa·s				
	15 ℃	20 ℃	25 ℃	30 ℃	40 ℃
甲醇	0.623	0.597	0.547	0.510	0.456
乙醇		1.200	1.096	1.003	0.834
丙酮	0.337		0.316	0.295	0.280（41 ℃）
醋酸	1.31		1.155（25.2 ℃）	1.04	
苯		0.652		0.564	1.00（41 ℃）
甲苯		0.590		0.526	0.503
乙苯		0.691（17 ℃）			0.471

表 C11　不同温度下水的表面张力

$t/°C$	$\sigma/10^3 \text{N} \cdot \text{m}^{-1}$	$t/°C$	$\sigma/10^3 \text{N} \cdot \text{m}^{-1}$	$t/°C$	$\sigma/10^3 \text{N} \cdot \text{m}^{-1}$	$t/°C$	$\sigma/10^3 \text{N} \cdot \text{m}^{-1}$
0	75.64	17	73.19	26	71.82	60	66.18
5	74.92	18	73.05	27	71.66	70	64.42
10	74.22	19	72.90	28	71.50	80	62.61
11	74.07	20	72.75	29	71.35	90	60.75
12	73.93	21	72.59	30	71.18	100	58.85
13	73.78	22	72.44	35	70.38	110	56.89
14	73.64	23	72.28	40	69.56	120	54.89
15	73.59	24	72.13	45	68.74	130	52.84
16	73.34	25	71.97	50	67.91		

表 C12　几种溶剂的凝固点降低常数

溶剂	纯溶剂的凝固点/°C	K_f
水	0	1.853
醋酸	16.6	3.90
苯	5.533	5.12
对二氧六环	11.7	4.71
环己烷	6.54	20.0

注：K_f 是指 1 mol 溶质溶解在 1000 g 溶剂中的冰点降低常数。

表 C13　金属混合物的熔点（°C）

金属 Sn	第二栏金属的质量分数/%										
	0	10	20	30	40	50	60	70	80	90	100
Pb	327	295	276	262	240	220	190	185	200	216	232
Bi	322	290	—	—	179	145	126	168	205	—	268
Sb	326	250	275	330	395	440	490	525	560	600	632
Sb	632	610	590	575	555	540	520	470	405	330	268
Bi	622	600	570	525	480	430	395	350	310	255	232

表 C14　几种无机结晶水合物的脱水温度

水合物	脱水	$t/°C$
$CuSO_4 \cdot 5H_2O$	$-2H_2O$	85
	$-4H_2O$	115
	$-5H_2O$	230
$CaCl_2 \cdot 6H_2O$	$-4H_2O$	30
	$-6H_2O$	200
$CaSO_4 \cdot 2H_2O$	$-1.5H_2O$	128
	$-2H_2O$	163
$Na_2B_4O_7 \cdot 10H_2O$	$-8H_2O$	60
	$-10H_2O$	320

表 C15　常压下恒沸物的沸点和组成

共沸物		各组分的沸点/℃		共沸物的性质	
甲组分	乙组分	甲组分	乙组分	沸点/℃	组成（$w_甲$/%）
苯	乙醇	80.1	78.3	67.9	68.3
环己烷	乙醇	80.8	78.3	64.8	70.8
正己烷	乙醇	68.9	78.3	58.7	79.0
乙酸	乙酯乙醇	77.1	78.3	71.8	69.0
乙酸乙酯	环己烷	77.1	80.7	71.6	56.0
异丙醇	环己烷	82.4	80.7	69.4	32.0

表 C16　无机化合物的标准溶解热

化合物	$\Delta_{sol}H_m$/kJ·mol^{-1}	化合物	$\Delta_{sol}H_m$/kJ·mol^{-1}
AgNO$_3$		KI	
BaCl$_2$	−13.22	KNO$_3$	34.73
Ba(NO$_3$)$_2$	40.38	MgCl$_2$	−155.06
Ca(NO$_3$)$_2$	−18.87	Mg(NO$_3$)$_2$	−85.48
CuSO$_4$	−73.26	MgSO$_4$	−91.21
KBr	20.04	ZnCl$_2$	−71.46
KCl	17.24	ZnSO$_4$	−81.38

注：标准溶解热是指 25 ℃ 下，1 mol 标准状态下的纯物质溶于水生成浓度为 1 mol/dm^3 的理想溶液过程的热效应。

表 C17　不同温度下 KCl 在水中的溶解热

t/ ℃	$\Delta_{sol}H_m$/kJ·mol^{-1}	t/ ℃	$\Delta_{sol}H_m$/kJ·mol^{-1}
10	19.895	20	18.297
11	19.795	21	18.146
12	19.623	22	17.995
13	19.598	23	17.682
14	19.276	24	17.703
15	19.100	25	17.556
16	18.933	26	17.414
17	18.765	27	17.272
18	18.602	28	17.138
19	18.443	29	17.004

注：此溶解热是指 1 mol KCl 溶于 200 mol 的水。

表 C18　几种有机化合物的标准摩尔燃烧焓

名称	化学式	$t/$ °C	$-\Delta_c H_m^{\ominus}$/kJ·mol^{-1}
甲醇	$CH_3OH(l)$	25	726.51
乙醇	$C_2H_5OH(l)$	25	1366.8
草酸	$(CO_2H)_2(s)$	25	245.6
甘油	$(CH_2OH)_2CHOH(l)$	20	1661.0
苯	$C_6H_6(l)$	20	3267.5
己烷	$C_6H_{14}(l)$	25	4163.1
苯甲酸	$C_6H_5COOH(s)$	20	3226.9
樟脑	$C_{10}H_{16}O(s)$	20	5903.6
萘	$C_{10}H_8(s)$	25	5153.8
尿素	$NH_2CONH_2(s)$	25	631.7

表 C19　几种化合物的热力学函数

物质	化学式	$-\Delta_f H_m^{\ominus}$/kJ·mol^{-1}	$-\Delta_f G_m^{\ominus}$/kJ·mol^{-1}	$S_m^{\ominus}$/J·mol^{-1}·K^{-1}
尿素	$CH_4ON_2(s)$	−333.19	−197.2	104.6
二甲胺	$C_2H_7N(g)$	−18.45	68.41	272.96
氨基甲酸	NH_2CO	−645.05	−448.06	133.47
胺	$ONH_4(s)$	−46.19	−16.64	192.50
氨	NH_3	−393.51	−394.38	213.64

表 C20　18～25 °C 下难溶化合物的溶度积

化合物	K_{sp}	化合物	K_{sp}
AgBr	4.95×10^{-13}	BaSO$_4$	1×10^{-10}
AgCl	7.7×10^{-10}	Fe(OH)$_3$	4×10^{-38}
AgI	8.3×10^{-17}	PbSO$_4$	1.6×10^{-8}
Ag$_2$S	6.3×10^{-52}	CaF$_2$	2.7×10^{-11}
BaCO$_3$	5.1×10^{-9}		

表 C21　18 °C 下水溶液中阴离子的迁移数

电解质	$c/$mol·dm^{-3}					
	0.01	0.02	0.05	0.1	0.2	0.5
NaOH			0.81	0.82	0.82	0.82
KOH				0.735	0.736	0.738
HCl	0.167	0.166	0.165	0.164	0.163	0.160
KCl	0.504	0.504	0.505	0.506	0.506	0.510
KNO$_3$（25°C）	0.4916	0.4913	0.4907	0.4897	0.4880	
H$_2$SO$_4$	0.175		0.172	0.175		0.175

表 C22　不同温度下 HCl 水溶液中阳离子的迁移数

t^+	$t/°C$						
m	10	15	20	25	30	35	40
0.01	0.841	0.825	0.830	0.825	0.821	0.816	0.811
0.02	0.842	0.836	0.832	0.827	0.822	0.818	0.813
0.05	0.844	0.838	0.834	0.830	0.825	0.821	0.816
0.1	0.846	0.840	0.837	0.832	0.828	0.823	0.819
0.2	0.847	0.843	0.839	0.835	0.830	0.827	0.823
0.5	0.850	0.846	0.842	0.838	0.834	0.831	0.827
1.0	0.852	0.848	0.844	0.841	0.837	0.833	0.829

表 C23　25 °C 下醋酸在水溶液中的电离度和离解常数

$c/\text{mol} \cdot \text{m}^{-3}$	α	$K_c/10^{-2}\text{mol} \cdot \text{m}^{-3}$
0.1113	0.3277	1.754
0.2184	0.2477	1.751
1.028	0.1238	1.751
2.414	0.0829	1.750
5.912	0.05401	1.749
9.842	0.04223	1.747
12.83	0.03710	1.743
20.00	0.02987	1.738
50.00	0.01905	1.721
100.00	0.1350	1.695
200.00	0.00949	1.645

表 C24　KCl 溶液的电导率（10^2 S $\cdot$ m^{-1}）

$t/°C$	$c/\text{mol} \cdot \text{dm}^{-3}$			
	1.000	0.1000	0.0200	0.0100
0	0.06541	0.00715	0.001521	0.000776
5	0.07414	0.00822	0.001752	0.000896
10	0.08319	0.00933	0.001994	0.001020
15	0.09252	0.01048	0.002243	0.001147
16	0.09441	0.01072	0.002294	0.001173
17	0.09631	0.01095	0.002345	0.001199
18	0.09822	0.01119	0.002397	0.001225
19	0.10014	0.01143	0.002449	0.001251
20	0.10207	0.01167	0.002501	0.001278

$t/°C$	$c/\text{mol} \cdot \text{dm}^{-3}$			
	1.000	0.1000	0.0200	0.0100
21	0.10400	0.01191	0.002553	0.001305
22	0.10594	0.01215	0.002606	0.001332
23	0.10789	0.01229	0.002659	0.001359
24	0.10984	0.01264	0.002712	0.001386
25	0.11180	0.01288	0.002765	0.001413
26	0.11377	0.01313	0.002819	0.001441
27	0.11574	0.01337	0.002873	0.001468
28		0.01362	0.002927	0.001496
29		0.01387	0.002981	0.001524
30		0.01412	0.003036	0.001552
35		0.01539	0.003312	
36		0.01564	0.003368	

表 C25　无限稀释离子的摩尔电导率和温度系数

离子	$\lambda_{\text{m}}^{\infty}/10^{-4}\,\text{s} \cdot \text{m}^2 \cdot \text{mol}^{-1}$				$\alpha\left[\alpha = \dfrac{1}{\lambda_i}\left(\dfrac{\text{d}\lambda_i}{\text{d}t}\right)\right]$
	0 °C	18 °C	25 °C	50 °C	
H^+	225	315	349.8	464	0.0142
K^+	40.7	63.9	73.5	114	0.0173
Na^+	26.5	42.8	50.1	82	0.0188
NH_4^+	40.2	63.9	74.5	115	0.0188
Ag^+	33.1	53.5	61.9	101	0.0174
$1/2Ba^{2+}$	34.0	54.6	63.6	104	0.0200
$1/2Ca^{2+}$	31.2	50.7	59.8	96.2	0.0204
$1/2Pb^{2+}$	37.5	60.5	69.5		0.0194
OH^-	105	171	198.3	(284)	0.0186
Cl^-	41.0	66.0	76.3	(116)	0.0203
NO_3^-	40.0	62.3	71.5	(104)	0.0195
$C_2H_3O_2^-$	20.0	32.5	40.9	(67)	0.0244
$1/2SO_4^{2-}$	41	68.4	80.0	(125)	0.0206
$1/2C_2O_4^{2-}$	39	(63)	72.7	(115)	
F^-		47.3	55.4		0.0228

$c/\text{mol} \cdot \text{dm}^{-3}$	0.0005	0.001	0.002	0.005	0.01	0.02	0.05	0.1	0.2
$\Lambda_m/\text{s} \cdot \text{cm}^2 \cdot \text{mol}^{-1}$	423.0	421.4	419.2	415.1	411.4	406.1	397.8	389.8	379.6
$K/10^{-3}\text{S} \cdot \text{cm}^{-1}$		0.4212	0.8384	2.076	4.114	8.112	19.89	39.98	75.92

表 C27　25 ℃ 下标准电极电位及温度系数

电极	电极反应	$E^{\ominus}/V$	$\dfrac{\mathrm{d}E^{\ominus}}{\mathrm{d}T}/\text{mV} \cdot \text{K}^{-1}$
Ag^+, Ag	$Ag^+ + e^- = Ag$	0.7991	−1.000
$AgCl, Ag, Cl^-$	$AgCl + e^- = Ag + Cl^-$	0.2224	−0.658
AgI, Ag, I^-	$AgI + e^- = Ag + I^-$	−0.151	−0.284
Cd^{2+}, Cd	$Cd^{2+} + 2e^- = Cd$	−0.403	−0.093
Cl_2, Cl^-	$Cl_2 + 2e^- = 2Cl^-$	1.3595	−1.260
Cu^{2+}, Cu	$Cu^{2+} + 2e^- = Cu$	0.337	0.008
Fe^{2+}, Fe	$Fe^{2+} + 2e^- = Fe$	−0.440	0.052
Mg^{2+}, Mg	$Mg^{2+} + 2e^- = Mg$	−2.37	0.103
Pb^{2+}, Pb	$Pb^{2+} + 2e^- = Pb$	−0.126	−0.451
$PbO_2, PbSO_4, SO_4^{2-}, H^+$	$PbO_2 + SO_4^{2-} + 4H^+ + 2e^- = PbSO_4 + 2H_2O$	1.685	−0.326
OH^-, O_2	$O_2 + 2H_2O + 4e^- = 4OH^-$	0.401	−1.680
Zn^{2+}, Zn	$Zn^{2+} + 2e^- = Zn$	−0.7628	0.091

表 C28　均相热反应的速率常数

（1）蔗糖水解的速率常数

$c_{HCl}/\text{mol} \cdot \text{dm}^{-3}$	$k/10^{-3}\ \text{min}^{-1}$		
	298.2 K	308.2 K	318.2 K
0.0502	0.4169	1.738	6.213
0.2512	2.255	9.35	35.86
0.4137	4.043	17.00	60.62
0.9000	11.16	46.76	148.8
1.214	17.455	75.97	

（2）乙酸乙酯皂化反应的速率常数与温度的关系

$$\lg k = -1780T^{-1} + 7.54 \times 10^{-3}T + 4.53$$

k 的单位为 $(\text{mol} \cdot \text{dm}^{-3})^{-1} \cdot \text{min}^{-1}$

（3）丙酮碘化反应的速率常数：

$$k(25\ ℃) = 1.71 \times 10^{-3}(\text{mol} \cdot \text{dm}^{-3})^{-1} \cdot \text{min}^{-1}$$

$$k(35\ ℃) = 5.284 \times 10^{-3}(\text{mol} \cdot \text{dm}^{-3})^{-1} \cdot \text{min}^{-1}$$

表 C29　25 ℃ 下一些强电解质的活度系数

电解质	$m/\text{mol} \cdot \text{kg}^{-1}$										
	0.01	0.1	0.2	0.3	0.4	0.5	0.6	0.7	0.8	0.9	1.0
$AgNO_3$	0.90	0.734	0.657	0.606	0.567	0.536	0.509	0.485	0.464	0.446	0.429
$Al_2(SO_4)_3$		0.035	0.0225	0.0176	0.0153	0.0143	0.014	0.0142	0.0149	0.0159	0.0175
$BaCl_2$		0.500	0.444	0.419	0.405	0.397	0.391	0.391	0.391	0.392	0.395
$CaCl_2$		0.518	0.472	0.455	0.448	0.448	0.453	0.460	0.470	0.484	0.500
$CuCl_2$		0.508	0.455	0.429	0.417	0.411	0.409	0.409	0.410	0.413	0.417
$Cu(NO_3)_2$		0.511	0.460	0.439	0.429	0.426	0.427	0.431	0.437	0.445	0.455
$CuSO_4$	0.40	0.150	0.104	0.0829	0.0704	0.0620	0.0559	0.0512	0.0475	0.0446	0.0423
$FeCl_2$		0.5185	0.473	0.454	0.448	0.450	0.454	0.463	0.473	0.488	0.506
HCl		0.796	0.767	0.756	0.755	0.757	0.763	0.772	0.783	0.795	0.809
$HClO_4$		0.803	0.778	0.768	0.766	0.769	0.776	0.785	0.795	0.808	0.823
HNO_3		0.791	0.754	0.735	0.725	0.720	0.717	0.717	0.718	0.721	0.724
H_2SO_4		0.2655	0.2090	0.1826	—	0.1557	—	0.1417	—	—	0.1316
KBr		0.772	0.722	0.693	0.673	0.657	0.646	0.636	0.629	0.622	0.617
KCl		0.770	0.718	0.688	0.666	0.649	0.637	0.626	0.618	0.610	0.604
$KClO_3$		0.749	0.681	0.635	0.599	0.568	0.541	0.518	—	—	—
$K_4Fe(CN)_6$		0.139	0.0993	0.0808	0.0693	0.0614	0556	0.0512	0.0479	0.0454	—
KH_2PO_4		0.731	0.653	0.602	0.561	0.529	0.501	0.477	0.456	0.438	0.421
KNO_3		0.739	0.663	0.614	0.576	0.545	0.519	0.496	0.476	0.459	0.443
KAc		0.796	0.766	0.754	0.750	0.751	0.754	0.759	0.766	0.774	0.783
KOH		0.798	0.760	0.742	0.734	0.732	0.733	0.736	0.742	0.749	0.756
$MgSO_4$		0.150	0.107	0.0874	0.0756	0.0675	0.0616	0.0571	0.0536	0.0508	0.0485
NH_4Cl		0.770	0.718	0.687	0.665	0.649	0.636	0.625	0.617	0.609	0.603
NH_4NO_3		0.740	0.677	0.636	0.606	0.582	0.562	0.545	0.530	0.516	0.504
$(NH_4)_2SO_4$		0.439	0.356	0.311	0.280	0.257	0.240	0.226	0.214	0.205	0.196
$NaCl$	0.9032	0.778	0.735	0.710	0.693	0.681	0.673	0.667	0.662	0.659	0.657
$NaClO$		0.772	0.720	0.688	0.664	0.645	0.630	0.617	0.606	0.597	0.589
$NaClO_4$		0.775	0.729	0.701	0.683	0.668	0.656	0.648	0.641	0.635	0.629
NaH_2PO_4		0.744	0.675	0.629	0.593	0.563	0.539	0.517	0.499	0.483	0.468
$NaNO_3$		0.762	0.703	0.666	0.638	0.617	0.599	0.583	0.570	0.558	0.548
$NaOAc$		0.791	0.757	0.744	0.737	0.735	0.736	0.740	0.745	0.752	0.757
$NaOH$		0.766	0.727	0.708	0.697	0.690	0.685	0.681	0.679	0.678	0.678
$Pb(NO_3)_2$		0.395	0.308	0.260	0.228	0.205	0.187	0.172	0.160	0.150	0.141
$ZnCl_2$		0.515	0.462	0.432	0.411	0.394	0.380	0.369	0.357	0.348	0.339
$Zn(NO_3)_2$		0. 31	0.489	0.474	0.469	0.473	0.480	0.489	0.501	0.518	0.535
$ZnSO_4$	0.387	0.150	0.140	0.0835	0.0714	0.0630	0.0569	0.0523	0.0487	0.0458	0.0435

表 C30　高聚物溶剂体系的 $[\eta]$ - M 关系式

高聚物	溶剂	$t/$ °C	$K/10^{-3}\mathrm{dm^3 \cdot kg^{-1}}$	α	分子量范围 $M\times10^{-4}$
聚丙烯酰胺	水	30	6.31	0.80	2～50
	水	30	68	0.66	1～20
	$1\ \mathrm{mol \cdot dm^{-3}}$ NaNO$_3$	30	37.5	0.66	
聚丙烯腈	二甲基甲酰胺	25	16.6	0.81	5～27
聚甲基丙烯酸甲酯	苯	25	3.8	0.79	24～450
	丙酮	25	7.5	0.70	3～93
聚乙烯醇	水	25	20	0.76	0.6～2.1
	水	30	66.6	0.64	0.6～16
聚苯乙烯	甲苯	25	17	0.69	1～160
聚己内酰胺	40% H$_2$SO$_4$	25	59.2	0.69	0.3～1.3
聚醋酸乙烯酯	丙酮	25	10.8	0.72	0.9～2.5

表 C31　几种胶体的 ζ 电位

水溶胶				有机溶胶		
分散相	ζ/V	分散相	ζ/V	分散相	分散介质	ζ/V
As$_2$S$_3$	−0.032	Bi	0.016	Cd	CH$_3$COOC$_2$H$_5$	−0.047
Au	−0.032	Pb	0.018	Zn	CH$_3$COOCH$_3$	−0.064
Ag	−0.034	Fe	0.028	Zn	CH$_3$COOC$_2$H$_5$	−0.087
SiO$_2$	−0.044	Fe(OH)$_3$	0.044	Bi	CH$_3$COOC$_2$H$_5$	−0.091

表 C32　几种化合物的磁化率

无机物	T/K	质量磁化率		摩尔磁化率	
		①	②	③	④
CuBr$_2$	292.7	3.07	38.6	685.5	8.614
CuCl$_2$	289	8.03	100.9	1080.0	13.57
CuF$_2$	293	10.3	129	1050.0	13.19
Cu(NO$_3$)$_2 \cdot$ 3H$_2$O	293	6.50	81.7	1570.0	19.73
CuSO$_4 \cdot$ 5H$_2$O	293	5.85	73.5（74.4）	1460.0	18.35
FeCl$_2 \cdot$ 4H$_2$O	293	64.9	816	12900.0	162.1
FeSO$_4 \cdot$ 7H$_2$O	293.5	40.28	506.2	11200.0	140.7
H$_2$O	293	−0.720	−9.50	−12.97	−0.163
Hg[Co(CNS)$_4$]	293		206.6		
K$_3$Fe(CN)$_6$	297	6.96	87.5	2290.0	28.78

无机物	T/K	质量磁化率		摩尔磁化率	
		①	②	③	④
$K_4Fe(CN)_6$	室温	−0.3739	4.699	−130.0	−1.634
$K_4Fe(CN)_6 \cdot 3H_2O$	室温	−0.3739		−12.3	−2.165
$NH_4Fe(SO_4)_2 \cdot 12H_2O$	293	30.1	378	14500	182.2
$(NH_4)_2Fe(SO_2)_2 \cdot 6H_2O$	293	31.6	397（406）	12400	155.8

注：① χ_m 单位（CGSM 制）：$10^{-6}cm^3 \cdot g^{-1}$。

　　② 1 $cm^3 \cdot kg^{-1}$（SI 质量磁化率）$=10^3/(4\pi)cm^3 \cdot g^{-1}$（CGSM 制质量磁化率），本栏数据由①

　　　　按此式换算而得，χ_m 的 SI 单位为 $10^{-9}m^3 \cdot kg^{-1}$。

　　③ χ_m 单位（CGSM 制）：$10^{-6}cm^3 \cdot mol^{-1}$。

　　④ 本栏数据参照②和③换算而得，χ_m 的 SI 单位为 $10^{-9}m^3 \cdot mol^{-1}$。

表 C33　液体的分子偶极矩 μ、介电常数 ε 与极化度 P_∞（$cm^3 \cdot mol^{-1}$）

物质	μ/Debye	t/ °C	0	10	20	25	30	40	50
水	1.84	ε	87.83	83.86	80.08	78.25	76.47	73.02	69.73
		P_∞							
氯仿	1.18	ε	5.19	5.00	4.81	4.72	4.64	4.47	4.31
		P_∞	51.1	50.0	49.7	47.5	48.8	48.3	17.5
四氯化碳	0	ε			2.24	2.23			2.13
		P_∞				28.2			
乙醇	1.67	ε	27.88	26.41	25.00	24.25	23.52	22.16	20.87
		P_∞	74.3	72.2	70.2	69.2	68.3	66.5	64.8
丙醇	2.71	ε	23.3	22.5	21.4	20.9	20.5	19.5	18.7
		P_∞	184	178	173	170	167	162	158
乙醚	1.22	ε	4.80	4.58	4.38	4.27	4.15		
		P_∞	57.4	56.2	55.0	54.5	54.0		
苯	0	ε		2.30	2.29	2.27	2.26	2.25	2.22
		P_∞				26.6			
溴苯	1.53	ε	5.7	5.5	5.4		5.3	5.1	5.0
		P_∞	107.9	105.5	103.3		100.2	97.6	95.4
氯苯	1.57	ε	6.09		5.65	5.63		5.37	5.23
		P_∞	85.5		81.5	82.0		77.8	76.8
硝基苯	3.93	ε		37.85	35.97		33.97	32.26	30.5
		P_∞		365	354	348	339	320	316
正丁醇	1.66	ε							
		P_∞							

表 C34 　镍铬-考铜（分度号 EA-2）热电偶电压与温度换算表（参考端温度为 0 ℃）

t/°C	0	10	20	30	40	50	60	70	80	90
	电压/mV									
		−0.64	−1.27	−1.89	−2.50	−3.11				
0	0	0.65	1.31	1.98	2.66	3.35	4.05	4.76	5.48	6.21
100	6.95	7.69	8.43	9.18	9.93	10.69	11.46	12.24	13.03	13.84
200	14.66	15.48	16.30	17.12	17.95	18.76	19.59	20.42	21.24	22.07
300	22.90	23.74	24.59	25.44	26.30	27.15	28.01	28.88	29.75	30.61
400	31.48	32.34	33.21	34.07	34.94	35.81	36.67	37.54	38.41	39.28
500	40.15	41.02	41.90	42.78	43.67	44.55	45.44	46.33	47.22	48.11
600	49.01	49.89	50.76	51.64	52.51	53.39	54.26	55.12	56.00	56.87
700	57.74	58.57	59.47	60.33	61.20	62.06	62.92	63.78	64.64	65.50
800	66.36									

表 C35 　铂铑-铂（分度号 LB-3）热电偶电压与温度换算表（参考端温度为 0 ℃）

t/°C	0	10	20	30	40	50	60	70	80	90
	电压/mV									
0	0.000	0.055	0.113	0.173	0.235	0.299	0.365	0.432	0.502	0.573
100	0.645	0.719	0.795	0.872	0.950	1.029	1.109	1.190	1.273	1.356
200	1.440	1.525	1.611	1.698	1.785	1.873	1.962	2.051	2.141	2.232
300	2.323	2.414	2.506	2.599	2.692	2.786	2.880	2.974	3.069	3.164
400	3.260	3.356	3.452	3.549	3.645	3.743	3.840	3.938	4.036	4.135
500	4.234	4.333	4.432	4.532	4.632	4.732	4.832	4.933	5.034	5.136
600	5.237	5.339	5.442	5.544	5.648	5.751	5.855	5.960	6.064	6.169
700	6.274	6.380	6.486	6.592	6.699	6.805	6.913	7.020	7.128	7.236
800	7.345	7.454	7.563	7.672	7.782	7.892	8.003	8.114	8.225	8.336
900	8.448	8.560	8.673	8.786	8.899	9.012	9.126	9.240	9.355	9.470
1000	9.585	9.700	9.816	9.932	10.048	10.165	10.282	10.400	10.517	10.635
1100	10.754	10.872	10.991	11.110	11.229	11.348	11.462	11.587	11.707	11.827
1200	11.947	12.067	12.188	12.308	12.429	12.550	12.671	12.792	12.913	13.034
1300	13.155	13.276	13.397	13.519	13.640	13.761	13.883	14.004	14.125	14.247
1400	14.368	14.489	14.610	14.731	14.852	14.973	15.094	15.215	15.336	15.456
1500	15.576	15.697	15.817	15.937	16.057	16.176	16.296	16.415	16.534	16.653
1600	16.771	16.890	17.008	17.125	17.243	17.360	17.477	17.594	17.771	17.826
1700	17.942	18.056	18.170	18.282	18.394	18.504	18.612	−	−	−

表 C36　铂铑-铂（分度号 LL-2）热电偶电压与温度换算表（参考端温度为 0 ℃）

$t/℃$	0	10	20	30	40	50	60	70	80	90
	电压/mV									
0	−0.000	−0.002	−0.003	−0.002	−0.000	0.002	0.006	0.011	0.017	0.025
100	0.033	0.043	0.053	0.065	0.078	0.092	0.107	0.123	0.140	0.159
200	0.178	0.199	0.220	0.243	0.266	0.291	0.317	0.344	0.372	0.401
300	0.431	0.462	0.494	0.527	0.561	0.596	0.632	0.669	0.707	0.746
400	0.786	0.827	0.870	0.913	0.957	1.002	1.048	1.095	1.143	1.192
500	1.241	1.292	1.344	1.397	1.450	1.505	1.560	1.617	1.674	1.732
600	1.791	1.851	1.912	1.974	2.036	2.100	2.164	2.230	2.296	2.363
700	2.430	2.499	2.569	2.639	2.710	2.782	2.855	2.928	3.003	3.078
800	3.154	3.231	3.308	3.387	3.466	3.546	3.626	3.708	3.790	3.873
900	3.957	4.041	4.126	4.212	4.298	4.386	4.474	4.562	4.652	4.742
1000	4.833	4.924	5.016	5.109	5.202	5.297	5.391	5.487	5.583	5.680
1100	5.777	5.875	5.973	6.073	6.172	6.273	6.374	6.475	6.577	6.680
1200	6.783	6.887	6.991	7.096	7.202	7.308	7.414	7.521	7.628	7.736
1300	7.845	7.953	8.063	8.172	8.283	8.393	8.504	8.616	8.727	8.839
1400	8.952	9.065	9.178	9.291	9.405	9.519	9.634	9.748	9.863	9.979
1500	10.094	10.210	10.325	10.441	10.558	10.674	10.790	10.907	11.024	11.141
1600	11.257	11.374	11.491	11.608	11.725	11.842	11.959	12.076	12.193	12.310
1700	12.426	12.543	12.659	12.776	12.892	13.008	13.124	13.239	13.34	13.470
1800	13.585	13.699	13.814	—	—	—	—	—	—	—

表 C37　镍铬-镍硅（分度号 EU-2）热电偶电压与温度换算（参考端温度为 0 ℃）

$t/℃$	0	10	20	30	40	50	60	70	80	90
	电压/mV									
0	0.000	0.397	0.798	1.203	1.611	2.022	2.436	2.850	3.266	3.681
100	4.059	4.508	4.919	5.327	5.733	6.137	6.539	6.939	7.388	7.737
200	8.137	8.537	8.938	9.341	9.745	10.151	10.560	10.969	11.381	11.793
300	12.207	12.623	13.039	13.456	13.874	14.292	14.712	15.132	15.552	15.974
400	16.395	16.818	17.241	17.664	18.088	18.513	18.938	19.363	19.788	20.214
500	20.640	21.066	21.493	21.919	22.346	22.772	23.198	23.624	24.050	24.476
600	24.902	25.327	25.751	26.176	26.599	27.022	27.445	27.867	28.288	28.709
700	29.182	29.547	29.965	30.383	30.799	31.214	31.629	32.042	32.455	32.866
800	33.277	33.686	34.095	34.502	34.909	35.314	35.718	36.121	36.524	36.925
900	37.325	37.724	38.122	38.519	38.915	39.310	39.703	40.096	40.488	40.789
1000	41.269	41.657	42.045	42.432	42.817	43.202	43.585	43.968	44.349	44.729
1100	45.108	45.486	45.863	46.238	46.612	46.985	47.356	47.726	48.095	48.462
1200	48.828	49.192	49.555	49.916	50.276	50.633	50.990	51.344	51.697	52.049
1300	52.398	52.747	53.093	53.439	53.782	54.125	54.466	54.807	—	—